Autoren

Frank Hecker hat 2001 als Berater für die Firma „Business Objects", heute Teil von SAP®, begonnen sich mit dem Thema „Business Intelligence" (BI) zu beschäftigen. Nach einem kurzen Ausflug in die Java-Programmierung (und ins Ausland) setzte er seine Laufbahn als freiberuflicher BI-Consultant fort, bevor er schließlich im Januar 2009 die *rheindata GmbH* gründete, ein auf Data Warehousing und Business Intelligence spezialisiertes Beratungsunternehmen mit Sitz in Köln, dessen Schwerpunkt auf der Produktwelt von *SAP® BusinessObjects™(SAP BO)* liegt.

David Nissan-Arami war fünf Jahre lang bei der Deutschen Post DHL im Bereich der Automotive Netzwerkplanung für Reporting und den Aufbau von Kennzahlensystemen verantwortlich. Seit 2014 ist er bei der rheindata GmbH tätig, wo er sich hauptsächlich mit SAP BI-Lösungen und hierbei vor allem mit Web Intelligence beschäftigt.

Cosmin Novac ist Berater für Data Engineering und Data Science, der zudem bereits auf einer Vielzahl von Business Intelligence-Projekten gearbeitet hat. Vor seiner Tätigkeit bei rheindata hat er im Rahmen eines dualen Informatik-Studiums bei IBM seinen Masterabschluss erworben. Cosmin ist besonders kreativ bei der Erstellung von Web Intelligence-Reports. Er kombiniert die Funktionalitäten so intensiv, dass seine Ergebnisse häufig weit über die üblichen Visualisierungen in Web Intelligence hinausreichen, siehe z. B. unter https://www.rheindata.com/dashboards-mit-web-intelligence.

Besonders bedanken möchten wir uns bei *Jochen Reinprecht* für seine wertvollen Anmerkungen. Wichtig waren zudem die Hinweise von *Katja Müller*, die als „Probandin" eine erste Version des Buches durchgearbeitet hat und uns damit Hinweise auf Gedankensprünge oder fehlende Stringenz geben konnte.

Einführung in

SAP® BusinessObjects™ Web Intelligence®

Frank Hecker, David Nissan-Arami, Cosmin Novac

Rechtlicher Hinweis

SAP®, SAP® BusinessObjects™, SAP® BusinessObjects™ Web Intelligence® und SAP® Crystal Reports® sind Marken oder eingetragene Marken und Eigentum der Firma SAP, Walldorf (Deutschland).

Microsoft Office® ist eine Marke oder eine eingetragene Marke und Eigentum der Firma Microsoft, Redmond (U.S.A.).

Die in diesem Buch verwendeteten Marken sind rechtlich geschützt.

Coverfoto: © davis – Fotolia.com

Impressum:

Einführung in SAP® BusinessObjects™ Web Intelligence®

ISBN 978-3-96012-062-9

© 2019 by Espresso Tutorials GmbH, Gleichen

Das vorliegende Werk ist in allen seinen Teilen urheberrechtlich geschützt. Alle Rechte vorbehalten, insbesondere das Recht der Übersetzung, des Vortrags, der Reproduktion und der Vervielfältigung. Espresso Tutorials GmbH, Bahnhofstr. 2, 37130 Gleichen, Deutschland.

Ungeachtet der Sorgfalt, die auf die Erstellung von Text und Abbildungen verwendet wurde, können weder der Verlag noch Autoren oder Herausgeber für mögliche Fehler und deren Folgen eine juristische Verantwortung oder Haftung übernehmen.

Autoren: Frank Hecker, David Nissan-Arami

Herstellung und Druck: Booksfactory

Bibliografische Information der Deutschen Nationalbibliothek:

Die Deutsche Nationalbibliothek verzeichnet diese Publikation in der Deutschen Nationalbibliografie; detaillierte bibliografische Daten sind im Internet über http://dnb.d-nb.de abrufbar.

Inhalt

1. Einleitung

Das vorliegende Schulungshandbuch ist für ein Selbststudium in SAP® BusinessObjects™ Web Intelligence® (kurz: WebI) konzipiert worden. Es kann ebenso als Unterstützung für ein Einführungstraining herangezogen werden.

Kursbeschreibung

Zunächst werden wichtige Begrifflichkeiten erläutert, um eine einheitliche sprachliche Grundlage zu schaffen.

Anschließend wird systematisch und sukzessive anhand von Beispielen und Übungsaufgaben in WebI eingeführt. Angefangen mit elementaren Funktionalitäten erhalten Sie so einen immer besseren Einblick in die Möglichkeiten zur Berichtsgestaltung.

Die Kapitel beginnen jeweils mit einer praktischen Fragestellung aus dem Berichtsalltag, deren Lösung durch detaillierte und gut bebilderte Klickanleitungen dargestellt wird. Im Anschluss an die Klickanleitungen erfolgen kurze Zusammenfassungen sowie die Vermittlung vertiefenden Hintergrundwissens, um dem Benutzer auch die konzeptionelle Einordnung zu erleichtern.

Am Ende des Schulungshandbuches stehen weitere Aufgaben zur Verfügung, die der Benutzer zu diesem Zeitpunkt ohne Klickanleitung lösen kann, um das bei der Bearbeitung des Buches gewonnene Verständnis zu überprüfen. Selbstverständlich sind auch die entsprechenden Lösungen zur eigenen Kontrolle vorhanden.

Zielsetzung

Dieses Buch wurde konzipiert, um Ihnen innerhalb von kurzer Zeit einen guten Einblick in die Verwendung von SAP BusinessObjects Web Intelligence (WebI) zu vermitteln.

Nach dem Durcharbeiten des Buches werden Sie in der Lage sein, aus den Daten Ihres Unternehmens, unter der systematischen Verwendung von WebI, Berichte und Analysen nach den Anforderungen Ihres Unternehmens zu entwerfen und anderen Anwendern zur direkten Verwendung oder weiteren Bearbeitung zur Verfügung zu stellen.

Voraussetzungen

Für die Bearbeitung der Aufgaben in diesem Buch sind außer einem grundlegenden Verständnis für den Umgang mit Microsoft Office®-Programmen keine Vorkenntnisse erforderlich. Erfahrung mit der Erstellung von Datenbankabfragen kann an der einen oder anderen Stelle für ein tieferes Verständnis hilfreich sein, ist aber keinesfalls als Voraussetzung zu sehen.

Zur Bearbeitung der praktischen Aufgaben benötigen Sie Zugriff auf ein SAP® BusinessObjects™-System der Version 4.0 oder neuer. Dort muss das Universum „eFashion" vorhanden sein, das mit dem System ausgeliefert wird. Es muss allerdings nicht zwangsläufig mit installiert oder für Sie frei geschaltet worden sein. Fragen Sie Ihren Administrator danach. Gerne kann er gegebenenfalls über das Kontaktformular http://www.rheindata.com/kontakt/ Unterstützung von uns anfordern.

2. Grundlagen

Im folgenden Kapitel werden die Grundbegriffe von Webl beschrieben, um eine Basis für das Verständnis dieses Buches zu schaffen. Mit diesen Informationen erhalten Sie die Voraussetzung, nachfolgende Funktionalitäten zu verstehen und diese selber je nach Vorgabe anwenden zu können.

2.1 SAP BusinessObjects Web Intelligence

Web Intelligence ist eine Anwendung zur Berichterstellung. Von zentraler Bedeutung für das Verständnis von WebI ist das Konzept der Trennung zwischen Datenbeschaffung und Datenaufbereitung:

Im ersten Schritt holen Sie die benötigten Daten in den Bericht. Im zweiten Schritt bereiten Sie diese optisch so auf, wie es für Ihre Zwecke erforderlich und zielführend ist.

Dabei erfolgt die Datenaufbereitung mit den vorher gezogenen Daten, d.h. Sie sehen sofort, wie sich eine Visualisierungsentscheidung von Ihnen auswirkt (What-you-see-is-what-you-get). Das bedeutet aber nicht, dass die konkreten Daten des erstellten WebI-Berichts unabänderlich festgeschrieben werden. Im Hintergrund von WebI findet eine strikte Trennung von Daten und ihrer Darstellung (Berichtsstruktur) statt. D.h. Sie können einen einmal erstellten WebI-Bericht immer wieder mit aktuellen Daten (oder Daten eines selektierbaren Stichtags) ausführen.

Damit unterscheidet sich WebI z.B. von SAP® Crystal Reports®, einem anderen Reportingtool von SAP®, bei dem Sie zunächst „abstrakt" einen Bericht bauen und erst im Anschluss sehen, wie er wirklich aussieht.

2.2 Universum

Sie haben in WebI verschiedene Möglichkeiten, die benötigten Daten für einen Bericht zu holen. Die verschiedenen Datenquellen werden im Kontext von WebI „Datenprovider" genannt. Einer der wichtigsten Datenprovidern ist das sogenannte „Universum".

In einem Universum wurde eine Datenquelle vorab so aufbereitet, dass Sie als Anwender unter einfacher Verwendung Ihrer Geschäftsterminologie mit einer Datenbank arbeiten können, deren Inhalt Sie benötigen. Der Vorteil ist dabei, dass Sie von dem Aufbau der Datenquelle keine Kenntnisse haben müssen. Das Universum übersetzt also die technische Sicht der Daten in eine fachliche Sicht.

2.3 Klassen und Objekte

Die fachliche Begrifflichkeit im Universum manifestiert sich in Klassen und Objekten.

Ein Objekt beschreibt dabei einen fachlichen Aspekt, z.B. die Artikelnummer, das Geschäftsjahr oder den Kundennamen.

Eine Klasse ist eine fachliche Ordnung von Objekten. So könnten Sie z.B. in der Klasse „Kundeninformationen" die Objekte „Kundennummer", „Kundenname", „Straße und Hausnr.", „Postleitzahl" und „Stadt" gruppieren. Im Prinzip ist eine Klasse wie ein Ordner im Windows Explorer, in dem Sie thematisch zusammengehörende Dokumente speichern. Genau wie dort können Klassen in einem Universum auch hierarchisch strukturiert sein.

Objekttypen

Es gibt vier unterschiedliche Arten von Objekten:

- Dimension (engl.: dimension)

- Kennzahl (engl.: measures)

- Information (engl.: information)

- Filter (engl.: filter)

Dimensionen sind *feste* Größen, nach denen Sie auswerten möchten, z.B. Jahr, Produkt, Kunde.

Kennzahlen dahingegen sind *dynamische* Größen, deren Wert erst im Zusammenhang mit den Dimensionen errechnet wird, z.B. Umsatz oder Absatzmenge. Wenn Sie in einer Abfrage also Jahr und Umsatz beziehen, erhalten Sie den Umsatz je Jahr. Wenn Sie in einer Abfrage hingegen Jahr, Produkt und Umsatz abrufen, erhalten Sie den Umsatz je Jahr *und* Produkt. Die Dimension „Jahr" liefert in beiden Abfragen dieselben Werte (z.B. 2012, 2013, 2014). Die Kennzahl „Umsatz" wird hingegen bei der ersten Abfrage auf Jahresebene und bei der zweiten Abfrage auf der Ebene von Jahr und Produkt aufsummiert.

Kennzahlen können also aggregiert werden. I.d.R. ist eine Kennzahl ohne eine Dimension nutzlos. Beispiel: "Der Umsatz ist 1 Million EUR" ist keine nützliche Information, aber "Der Umsatz in 2012 ist 400.000 EUR, der Umsatz in 2013 ist 600.000 EUR" schon.

Eine **Information** bietet zusätzliche Informationen bzw. eine nähere Beschreibung einer Dimension. Beispielsweise könnte die Anschrift eines Kunden als Informationsobjekt angelegt und der Kundennummer zugeordnet werden. Die Relevanz von Informationsobjekten ist aber eher gering. Sie spielen lediglich bei der Synchronisation von Datenprovidern (Kapitel 13) eine gewisse Rolle.

Ein **Filter** ist im Gegensatz zu den anderen Objekttypen nicht als Ergebnisobjekt gedacht. In einem Filterobjekt können dem Anwender häufig wiederkehrende Filterbedingungen vorgefertigt zur Verfügung gestellt werden. Außerdem können damit einige Filter vom Universumsdesigner zur Verfügung gestellt werden, die auf der Ebene von WebI selbst nicht gebaut werden können.

2.4 Entwickler vs. Anwender

In diesem Buch wird häufiger die Unterscheidung zwischen den Begrifflichkeiten „Entwickler" und „Anwender" getroffen. Beim *Entwickler* ist die Rede von dem Berichtsentwickler, also demjenigen, der für Erstellung und Konfiguration eines neuen Berichtes verantwortlich bzw. zuständig ist, wohingegen der *Anwender* sich auf den Endbenutzer eines Berichtes bezieht. Der Anwender kann den Bericht nicht mehr in seiner Struktur verändern, sondern ihn lediglich ansehen, aktualisieren und ggf. anhand von vordefinierten Steuerelementen, Dropdown-Boxen, etc. nutzen.

3. Anmeldung und Erstellung einer einfachen Abfrage

In diesem Kapitel erlernen Sie anhand eines Beispiels die Erstellung eines einfachen Berichts. Es beinhaltet die Anmeldung am BI System, die Auswahl eines Universums, sowie die Erstellung einer Datenabfrage.

3.1 Praktische Einführung

- Anmeldung und Erstellung einer einfachen Abfrage

Aufgabenstellung

Sie arbeiten bei einer international tätigen Modekette und möchten eine Übersicht über die Umsätze pro Jahr und Bundesstaat Ihres Unternehmens erstellen.

Dazu gehen Sie wie folgt vor:

- Anmeldung am SAP BO-System

- Öffnen der WebI-Anwendung

- Erstellung eines neuen Dokuments

- Erstellung einer Abfrage

Vorgehensweise

1) Öffnen Sie den Browser und geben Sie in der Adresszeile die URL für das SAP BO-System an, für das Sie berechtigt sind. Diese erhalten Sie von Ihrem zuständigen Administrator. Daraufhin erscheint in Ihrem Browser folgender Login-Bildschirm, der je nach Konfiguration Ihres Systems leicht anders aussehen kann:

2) Geben Sie den Systemnamen, Ihren Anwendernamen und das zugehörige Passwort ein. All diese Informationen erhalten Sie ebenfalls von Ihrem Administrator.

3) Nach Drücken der „Anmelden"-Taste gelangen Sie auf das „BI-Launchpad."

Das Launchpad ist das Portal vom SAP BO-System. Von hier aus rufen Sie vorgefertigte Berichte anderer Entwickler oder Ihre persönlichen Dokumente auf. Außerdem – und das ist, was uns nun interessiert – starten Sie von hier aus die verschiedenen Anwendungen, die in Ihrem SAP BO-System enthalten sind.

Auch für das Launchpad gilt, dass es je nach Konfiguration Ihres Systems leicht anders aussehen kann als im folgenden Screenshot dargestellt:

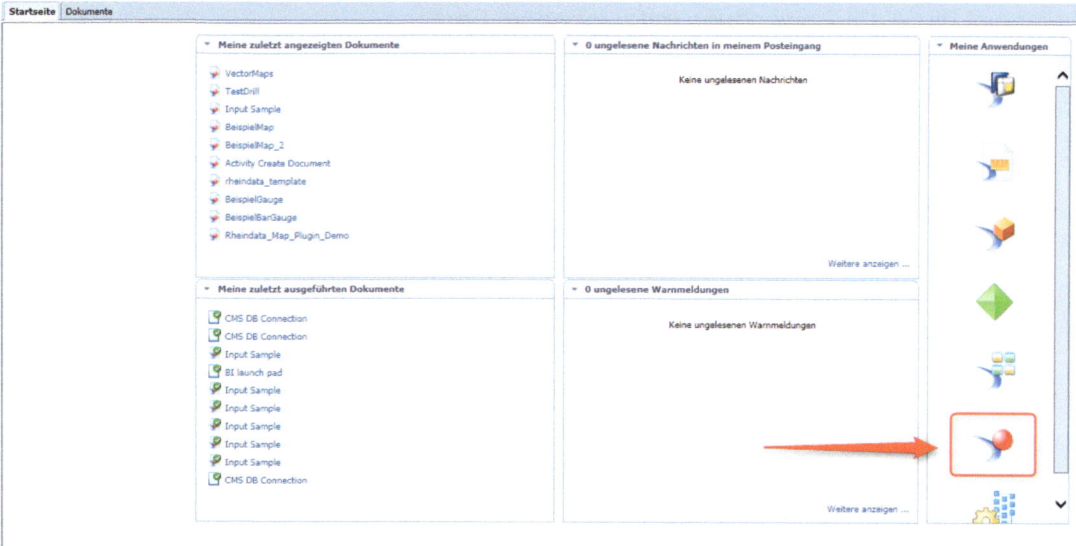

4)   Wir möchten die Anwendung „Web Intelligence" nutzen und klicken dafür bei dem Reiter „Startseite" auf das rot umrandete Symbol in der Abbildung oben.

Hinweis: Alternativ können Sie WebI auch über die Menüleiste oben rechts in Ihrem Browserfenster unter „Anwendungen" und „Web Intelligence" starten.

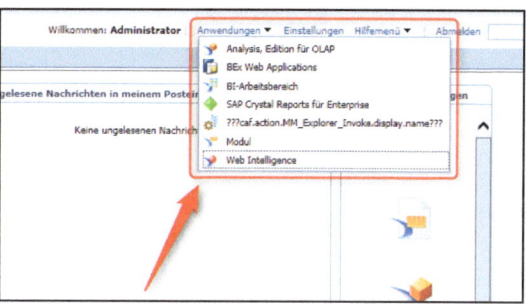

Es erscheint die WebI-Anwendung mit folgendem Fenster:

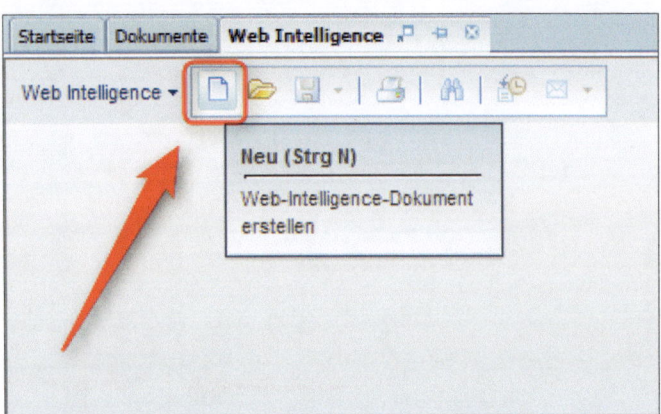

5)   Klicken Sie auf das rot umrandete Symbol, um ein neues Dokument zu erstellen.

6)   Nun werden Sie aufgefordert, eine Datenquelle auszuwählen. Wählen Sie „Universum" und klicken Sie dann auf „OK".

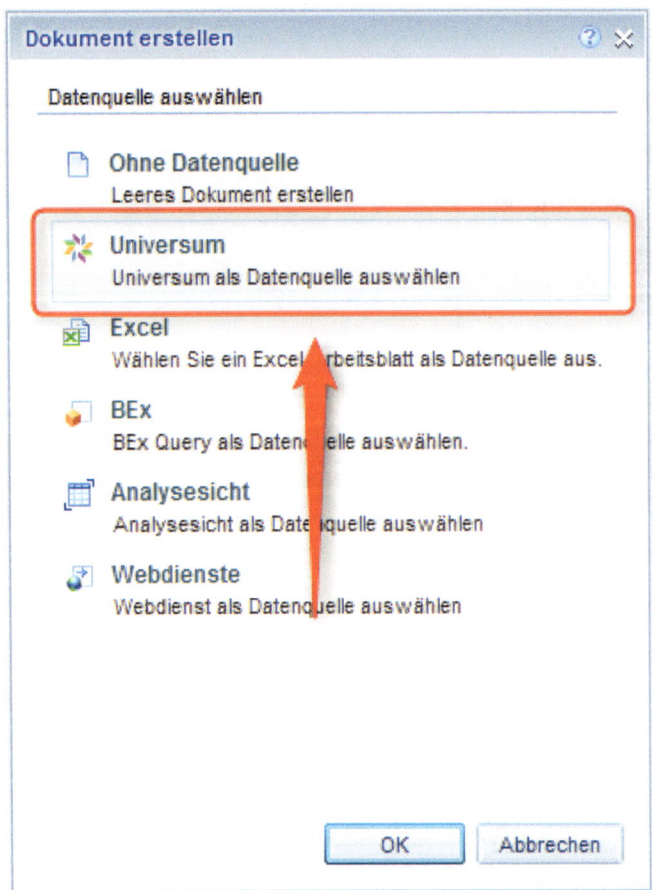

HINWEIS: Mit der neuesten Version von Web Intelligence können Sie auf verschiedene Datenquellen zugreifen, z.B.:

- Daten in einer relationalen Datenbank via Universum,

- Daten vom SAP BW-System via BEX Query,

- Daten einer Excel-Tabelle.

7) Anschließend werden Sie aufgefordert, ein Universum auszuwählen. (Die verfügbaren Universen sehen auf Ihrem System mit Sicherheit anders aus.)

Bitte wählen Sie das Universum „eFashion" aus.

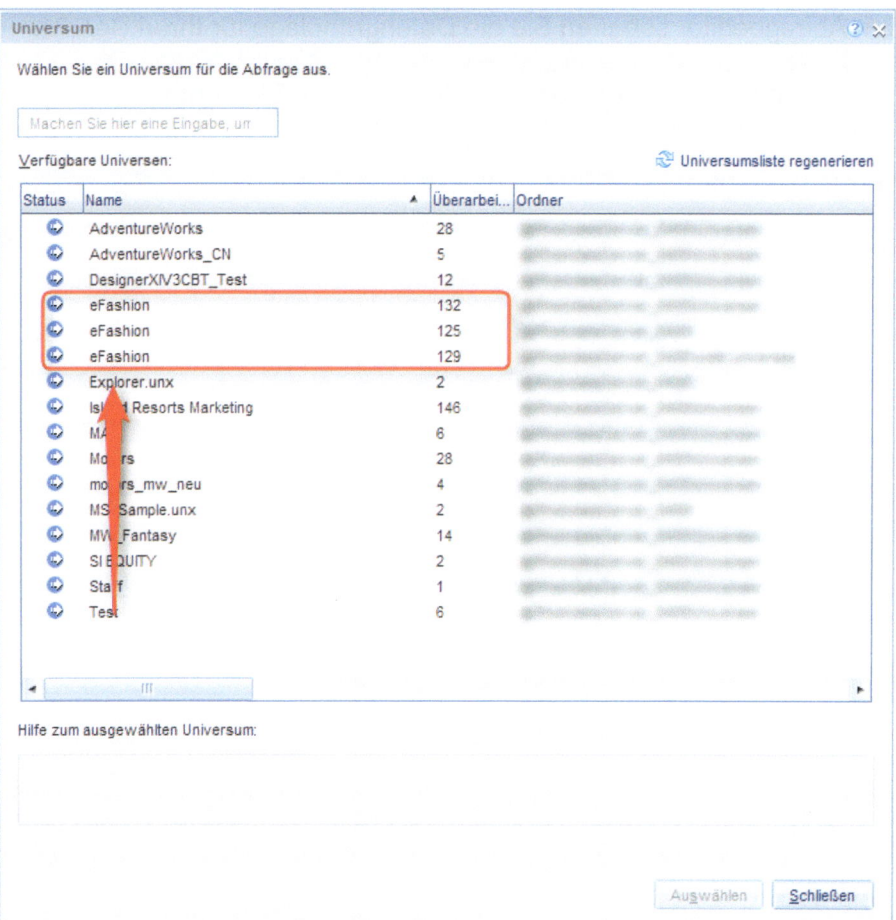

HINWEIS: Nach der Standardinstallation könnte es auf Ihrem System mehrere „eFashion" Versionen geben. Nehmen Sie am besten das, was unter dem Verzeichnis „…/webi universes" liegt. Es ist auch möglich, dass Ihr Administrator das eFashion-Universum nicht mit installiert hat. In diesem Fall müssen Sie ihn bitten es nachträglich zu installieren, um den Beispielen in diesem Buch folgen zu können.

8) Nach der Selektion von „eFashion" klicken Sie auf die Schaltfläche „Auswählen".

9) Sollten Sie diese Schritte erfolgreich durchgeführt haben, gelangen Sie auf die nachfolgend abgebildete Ansicht, den „Abfrageeditor", oder „Query Panel", wenn Ihre Spracheinstellung Englisch ist. Mit dem Abfrageeditor schaffen Sie die Datengrundlage für Ihren Bericht.

Der Abfrageeditor besteht neben der Menüleiste im Kopf aus vier Elementen:

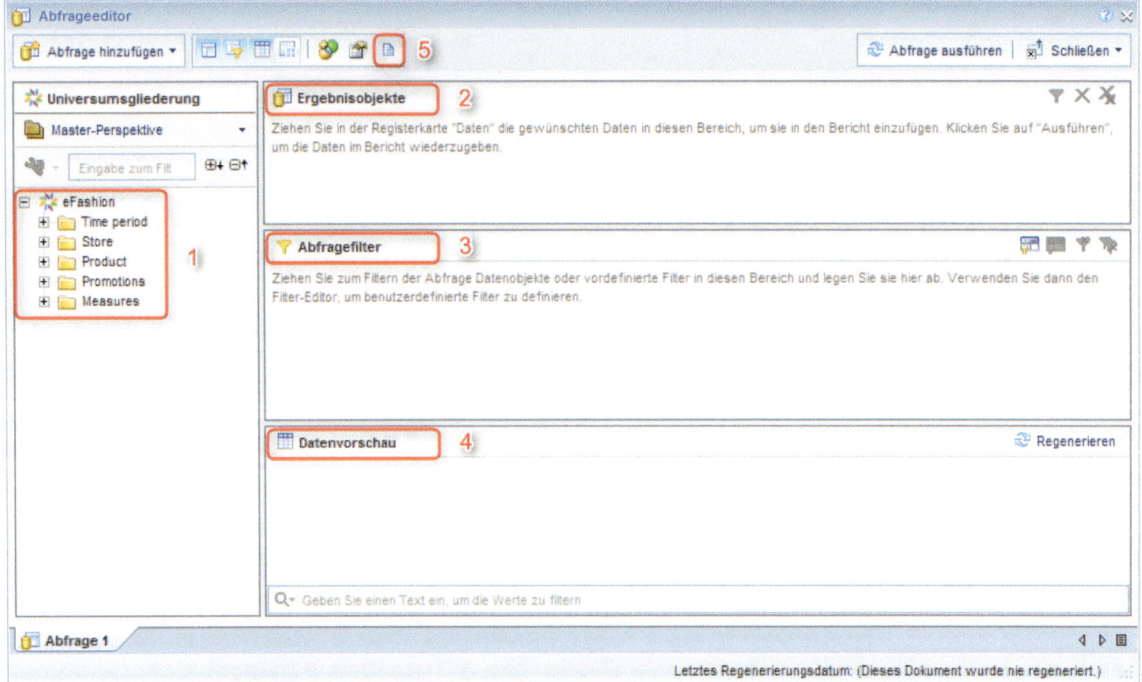

1. Der „**Universumsgliederung**" auf der linken Seite (Markierung 1), in der Sie die Klassen und Objekte des Universums finden.

2. Den Bereich „**Ergebnisobjekte**" (Markierung 2), in den Sie die Objekte ziehen, die Sie in Ihrem Bericht verwenden wollen.

3. Im Panel „**Abfragefilter**" (Markierung 3) werden vordefinierte oder manuell erstellte Filter eingesetzt, mit denen Sie die Ergebnismenge Ihrer Abfrage beschränken können.

4. Mit der „**Datenvorschau**" (Markierung 4) können Sie vorab einen Eindruck des Ergebnisses der erstellten Abfrage gewinnen.

Wenn Sie über die notwendige Berechtigung verfügen, können Sie sich über das rot eingekreiste Symbol in der oberen Menüleiste das **SQL Skript** (Markierung 5) ansehen, das durch die Objektauswahl generiert wurde.

10) Wie zu Beginn des Kapitels erwähnt, besteht die Aufgabe darin, einen einfachen Bericht zum Umsatz (Sales Revenue) je Jahr (Year) und Bundesstaat (State) zu erstellen. Hierzu müssen die relevanten Objekte zunächst gefunden werden. Am einfachsten klappen Sie dazu die Klassen in der „Universumsgliederung" auf.

Wenn Sie wissen, wie die Objekte heißen, können Sie den Namen auch links oben in das Eingabefeld eintragen und die Eingabetaste drücken, um danach zu suchen.

Wir nennen Ihnen hier aber die Klassen:

- Klasse „Time Period":   Dimension „Year" (Jahreszahl)

- Klasse „Store":   Dimension „State" (Staat)

- Klasse „Measures":   Kennzahl „Sales revenue" (Umsatzzahlen)

Ziehen Sie die genannten Objekte per Drag & Drop in den Bereich der Ergebnisobjekte:

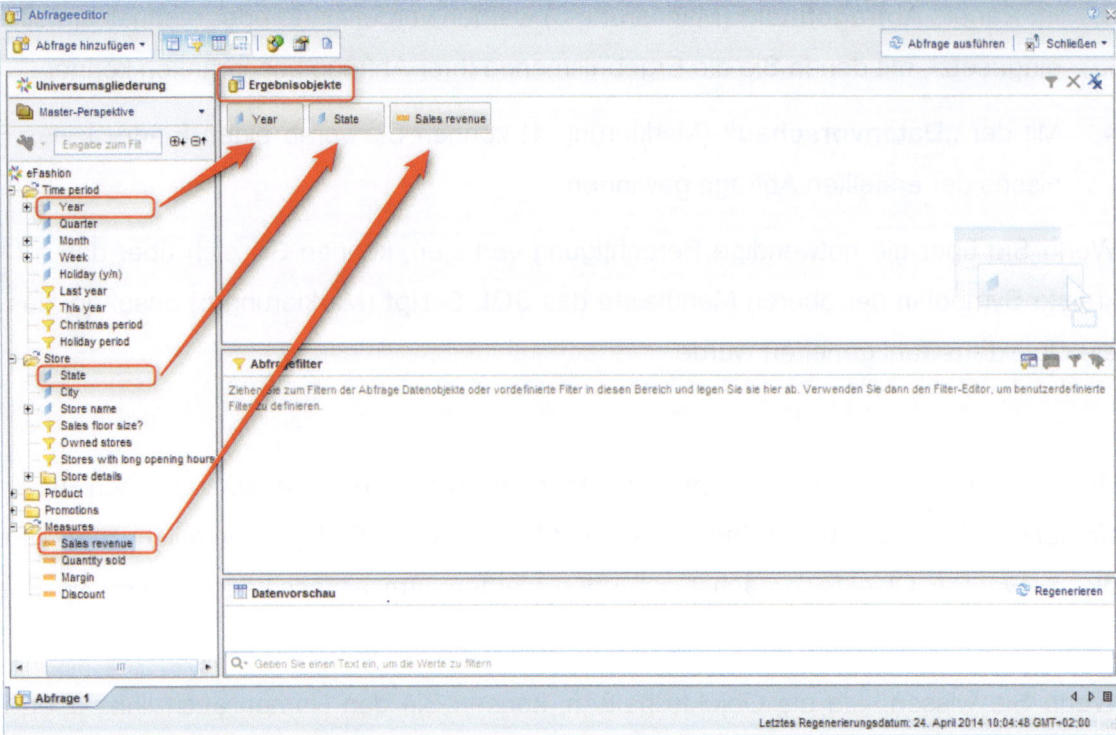

11) Nun führen Sie die Abfrage durch Klicken von „Abfrage ausführen" aus:

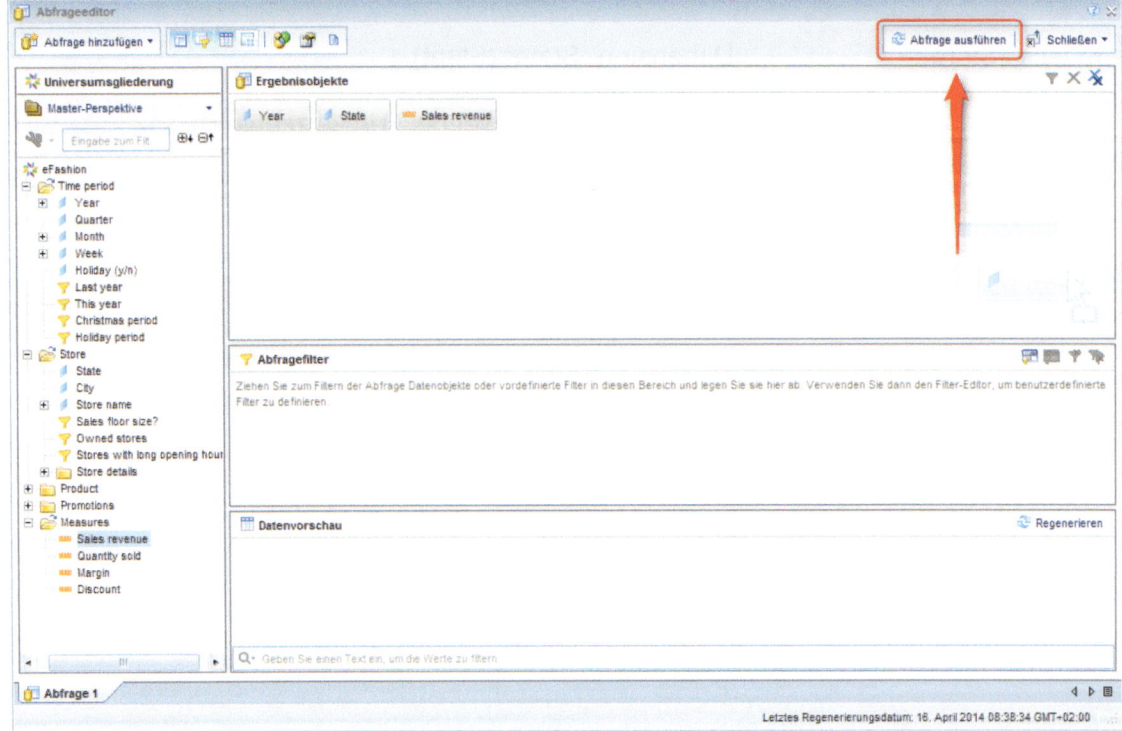

Sie erhalten den folgenden Bericht, der Ihnen die Umsatzzahlen in Abhängigkeit der Staaten und der Jahre anzeigt.

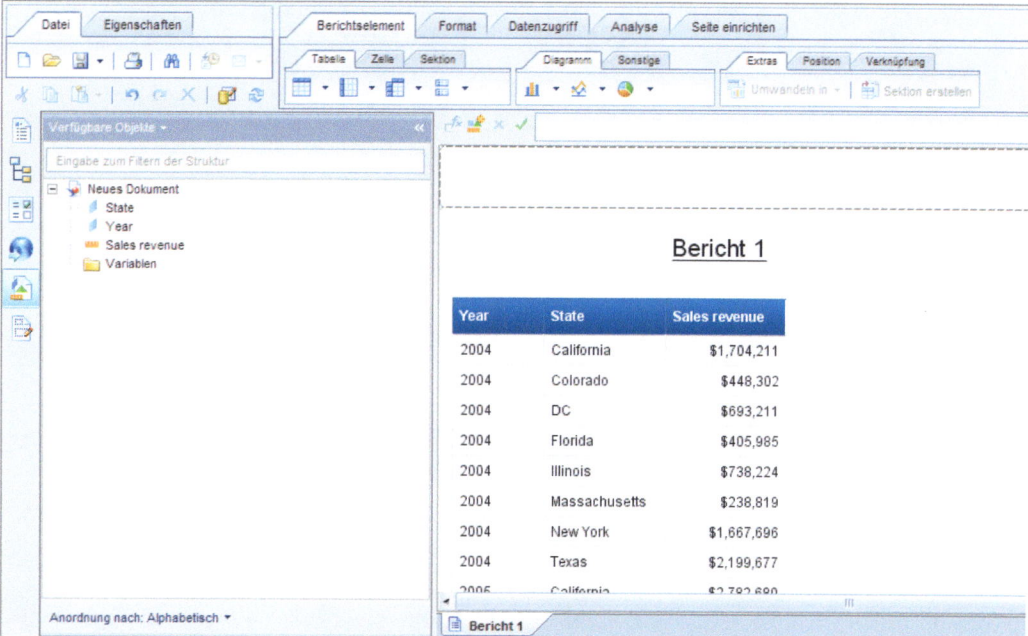

Herzlichen Glückwunsch!

Sie haben die Aufgabe gelöst und damit Ihren ersten Bericht erstellt.

12) Sichern Sie Ihr Ergebnis, indem Sie auf das Diskettensymbol klicken:

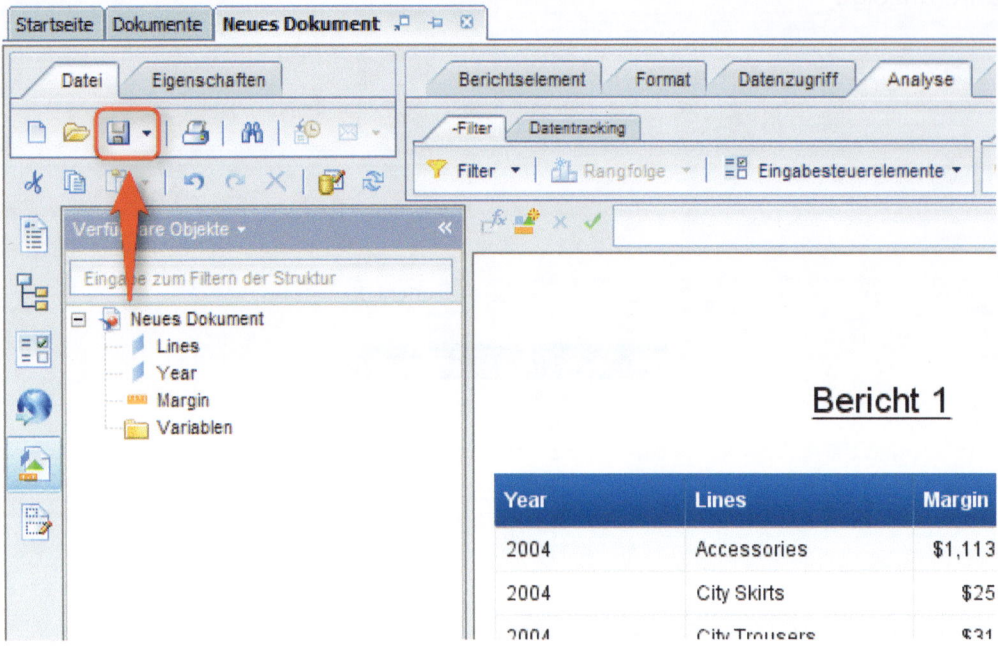

Speichern Sie den Bericht anschließend in Ihrem persönlichen Bereich („Meine Favoriten") unter dem Dateinamen „Einfache Abfrage":

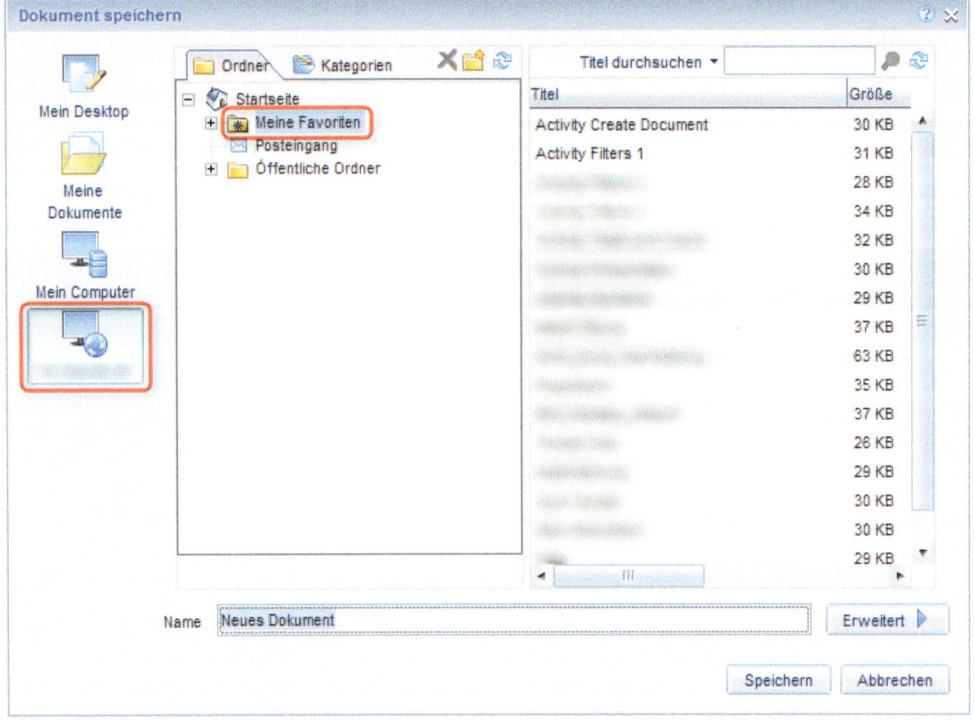

3.2 Web Intelligence-Oberfläche

Mit der Erstellung Ihres ersten Berichts sind Sie nun automatisch in die Hauptbearbeitungsoberflä-
che von Web Intelligence gelangt. Für die Orientierung darin kann die untenstehende Darstellung
zur Hilfe genommen werden:

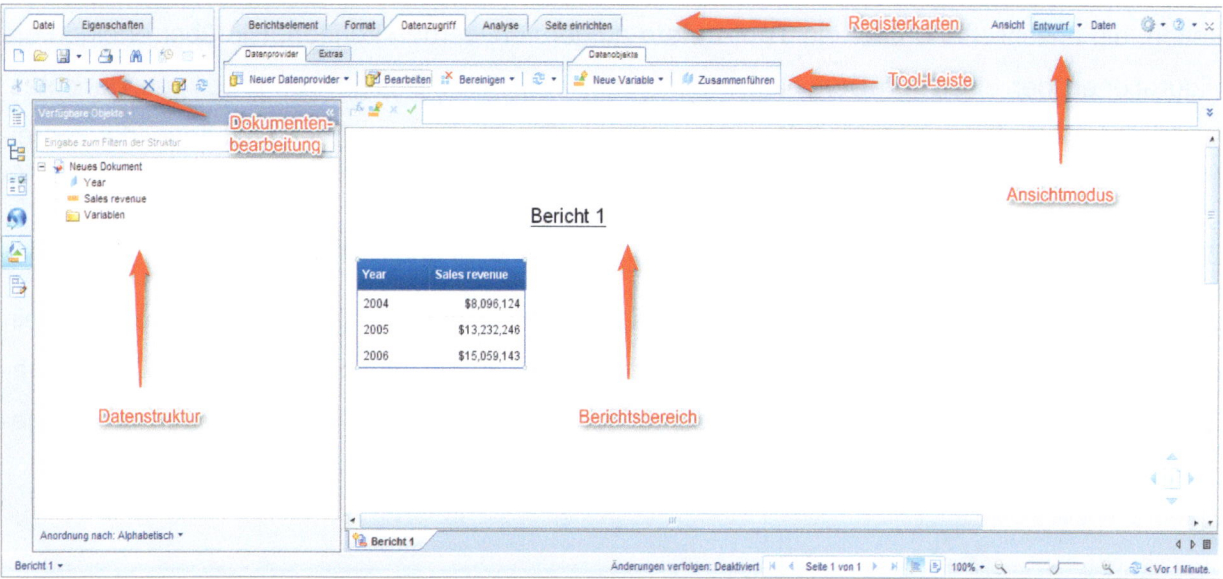

Mit der **Dokumentenbearbeitung** kann der Anwender Modifikationen bezüglich des Gesamtdoku-
mentes durchführen, wie z.B. das Öffnen eines neuen Dokumentes oder die Speicherung der bishe-
rigen Ergebnisse.

Im Bereich **Datenstruktur** können Sie sich über die Symbole am linken Rand verschiedene Informationen anzeigen lassen. Zur Berichterstattung ist jedoch die Ansicht „Verfügbare Objekte" am
signifikantesten, da hierbei sämtliche Objekte des definierten Datenproviders ausgegeben werden.
Die „Dokumentübersicht" gibt lediglich Auskunft über die Eigenschaften des Dokumentes und ist
somit für die Verarbeitung der Daten nicht weiter relevant. Die „Berichtstruktur" listet sämtliche Berichte eines Dokuments auf. Diese Auflistung kann genutzt werden, um schnell zwischen den einzelnen Berichten zu navigieren.

Hinweis: Umgangssprachlich (und auch in diesem Buch) wird mit dem Begriff „Bericht" häufig
das Berichtsdokument gemeint. Streng genommen ist ein Bericht jedoch nur ein Be-

richtsreiter innerhalb eines Berichtsdokuments, das mehrere Berichte enthalten kann.

Der **Berichtsbereich** weist den Inhalt des aktiven Berichtsreiters aus.

Die **Registerkarten** dienen zur Navigation in den einzelnen Bearbeitungs- und Darstellungsmöglichkeiten, die anschließend über die **Tool-Leiste** aufgerufen werden können. Hierüber erfolgen die Konfigurationen der einzelnen Berichtskomponenten, sowie das Design des jeweiligen Berichtes. Außerdem kann der Entwickler über die entsprechende Registerkarte auf den Datenprovider zugreifen, um diesen auf neue Anforderungen auszurichten.

Im Bereich **Ansichtsmodus** kann zwischen *Entwurf* und *Ansicht* unterschieden werden:

In der ***Entwurf***-Einstellung hat der Entwickler die Möglichkeit die Berichte anzupassen. Wenn ein neuer Bericht erstellt wird, öffnet sich bei Standardkonfiguration des Systems hierbei der Java-Editor. Wenn aus der Betrachtung eines bestehenden Berichts heraus auf den Entwurf-Modus gewechselt wird, stellt sich dieser hingegen in HTML-Technik dar.

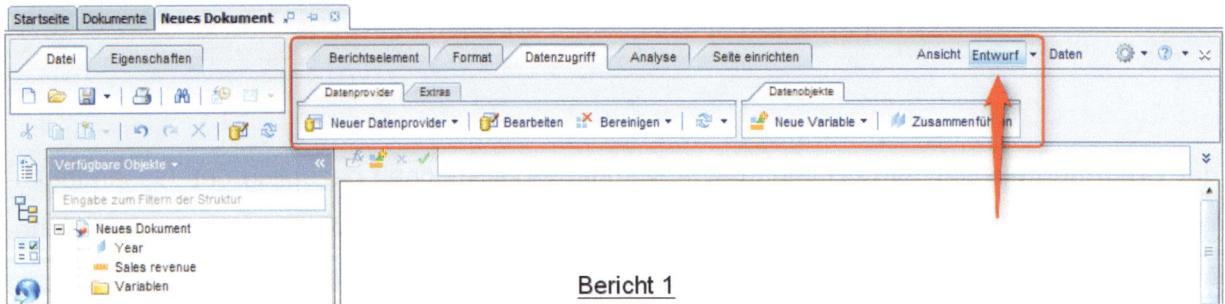

Die ***Ansicht***-Einstellung ist der Standard, wenn man einen bestehenden Bericht öffnet, ohne ihn bearbeiten zu wollen.

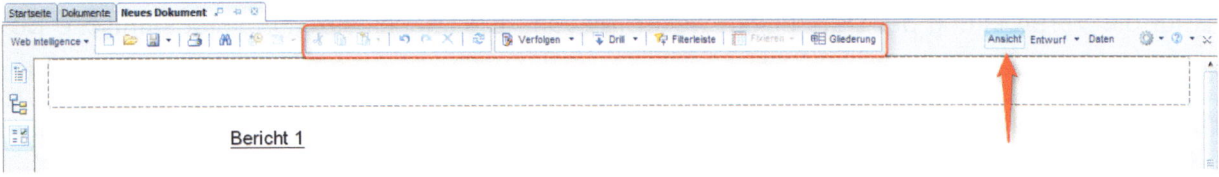

In beiden Modi kann man sich neben der „normalen" Darstellung auch ausschließlich die Struktur des Berichts anzeigen lassen, also die dahinter stehenden Daten ausblenden. Dies kann von Vorteil sein, wenn die Strukturen in einem großen Bericht verändert werden müssen.

3.3 Zusammenfassung

Anmeldung am BI System

Mit der Anmeldung am BI System verifizieren Sie durch die Eingabe Ihrer Zugangsdaten Ihre Zugangsrechte und gelangen auf das BI-Launchpad. Dort können Sie vorhandene Berichte aufrufen und die WebI-Anwendung starten.

Dokumentenerstellung

Bei der Dokumentenerstellung wählen Sie ein Universum oder eine andere Datenquelle aus und greifen somit auf eine vorab von einem Entwickler entworfene Datenlandschaft zu. Bei Verwendung eines Universums können Sie anhand der gängigen Geschäftsterminologie Daten aus der Datenbank abrufen, um die gewünschten Berichte zu erstellen.

Abfrageeditor

Mit dem Abfrageeditor bestimmen Sie, welche Daten in Ihrem Bericht enthalten sein werden.

4. Abfragefilter

Das Ziel von Abfragefiltern ist es, die abzurufenden Daten auf das Notwendigste zu beschränken. Dadurch soll zum einen die Geschwindigkeit der Abfrage selbst optimiert werden und zum anderen dauert die Aufbereitung der Berichtsdaten, auf die wir später eingehen, nicht unnötig lange.

Hierzu werden die verschiedenen Filteroptionen erläutert.

4.1 Praktische Einführung

- Datenabfrage mit vordefiniertem Filter

- Datenabfrage mit Auswahl aus einer Werteliste

- Datenabfrage mit Eingabeaufforderung

- Datenabfrage mit mehreren Filter

4.1.1 Datenabfrage mit vordefiniertem Filter

Bei der Datenabfrage mit einem vordefinierten Filter wurde der Filter bereits vorab von einem Entwickler im Universum definiert und ist somit nicht mehr nachträglich zu konfigurieren. Wir verwenden also den im Kapitel 2.3 bereits erwähnten Objekttyp „Filter".

Aufgabenstellung

Sie haben in der letzten Aufgabe die Umsatzzahlen aller in der Datenbank vorliegenden Jahre abgefragt. Eigentlich sind Sie jedoch nur an den Umsatzzahlen des aktuellen Jahres interessiert.

Zur Lösung der Aufgabe gehen Sie wie folgt vor:

- Öffnen des gespeicherten Berichtes

- Aufrufen des Abfrageeditors

- Identifizierung der relevanten Objekte

- Identifizierung des entsprechenden Filters als Objekttyp

- Ausführung der Datenabfrage

Vorgehensweise

1)   Öffnen Sie zunächst den Bericht „Einfache Abfrage" (Kapitel 3.1). Klicken Sie hierfür auf das Symbol auf das rot gekennzeichnete Symbol.

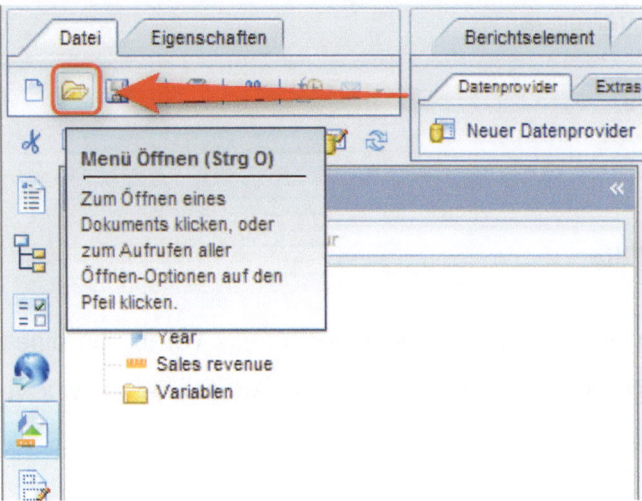

2)   Wählen Sie die entsprechende Datei aus (hier beispielhaft Bericht „Activity Create Document") und bestätigen Sie Ihre Auswahl durch Klicken auf „Öffnen".

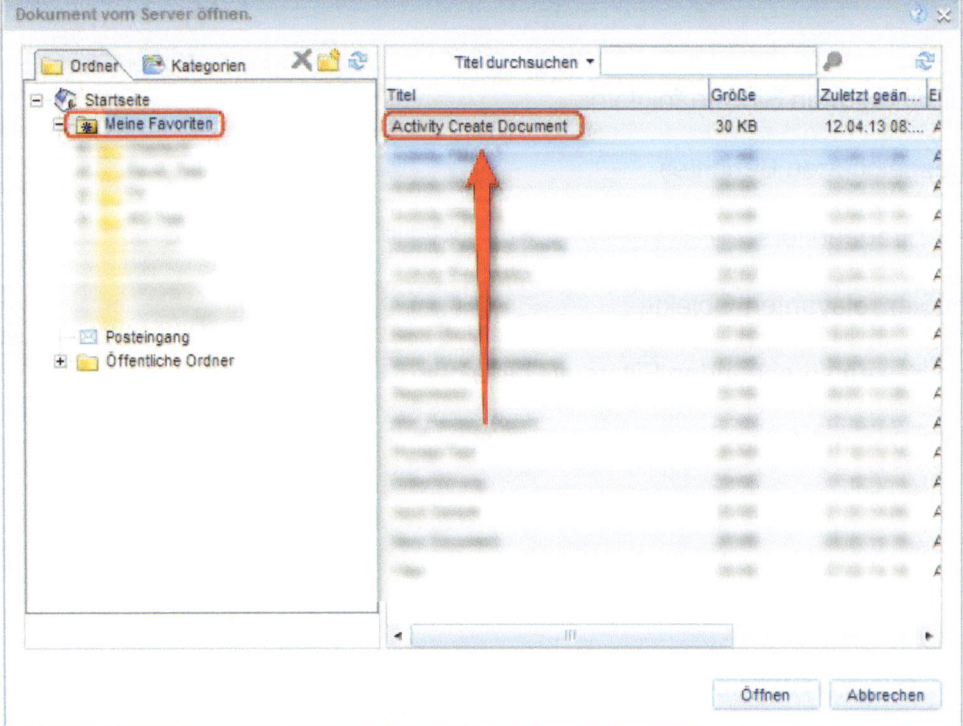

HINWEIS: Sollte die Datei im Ansichtsmodus geöffnet werden, so müssen Sie die Einstellung auf „Entwurf" umstellen, um den Bericht weiter bearbeiten zu können (Kapitel 3.2).

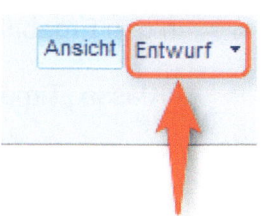

3) Rufen Sie den Abfrageeditor auf, indem Sie in der Navigationsleiste des in der vorherigen Aufgabe erstellten Berichtes auf „Datenzugriff" und anschließend auf „Bearbeiten" klicken.

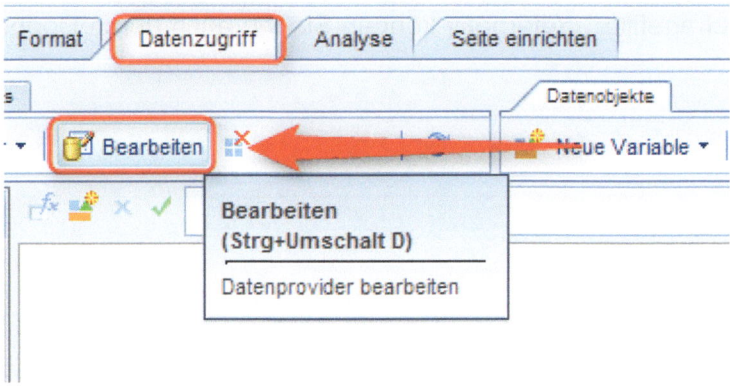

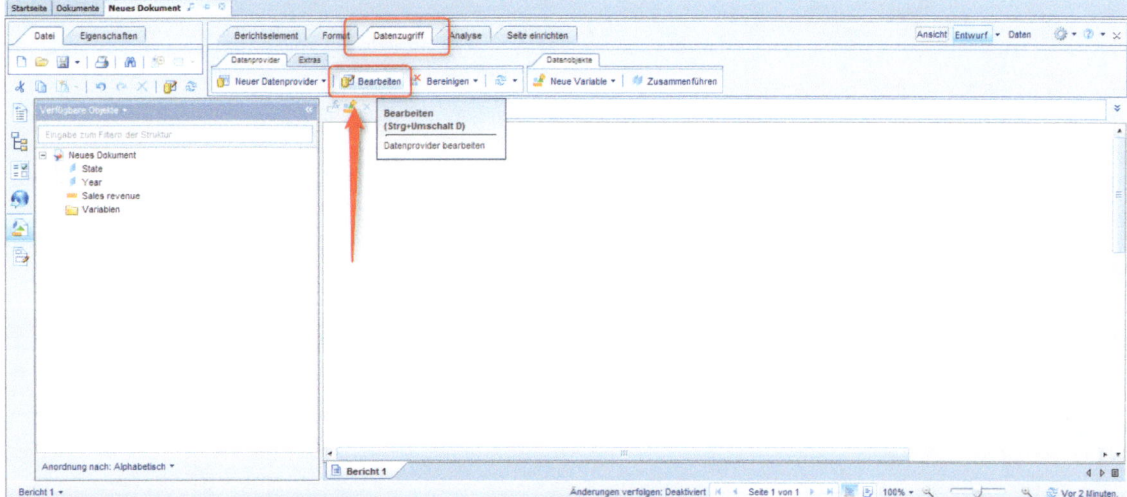

4) In den Ergebnisobjekten stehen nach wie vor die drei vorhin von Ihnen eingefügten Objekte:

- Klasse „Time Period":   „Year"

- Klasse „Store":   „State"

- Klasse „Measures":   „Sales revenue"

5) Selektieren Sie den Filter „Last Year" aus der Klasse „Time Period" und ziehen Sie diesen per Drag & Drop in den Bereich „Abfragefilter". Alternativ können Sie ihn auch durch Doppelklick dorthin setzen.

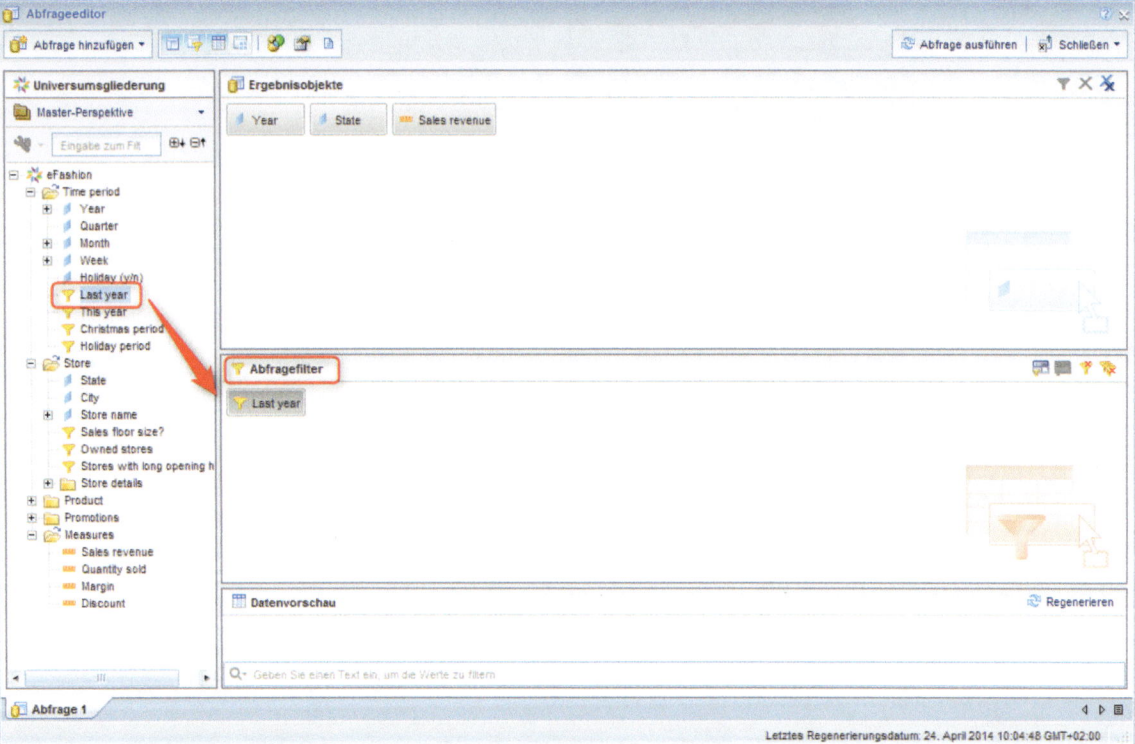

6) Klicken Sie erneut auf „Abfrage ausführen".

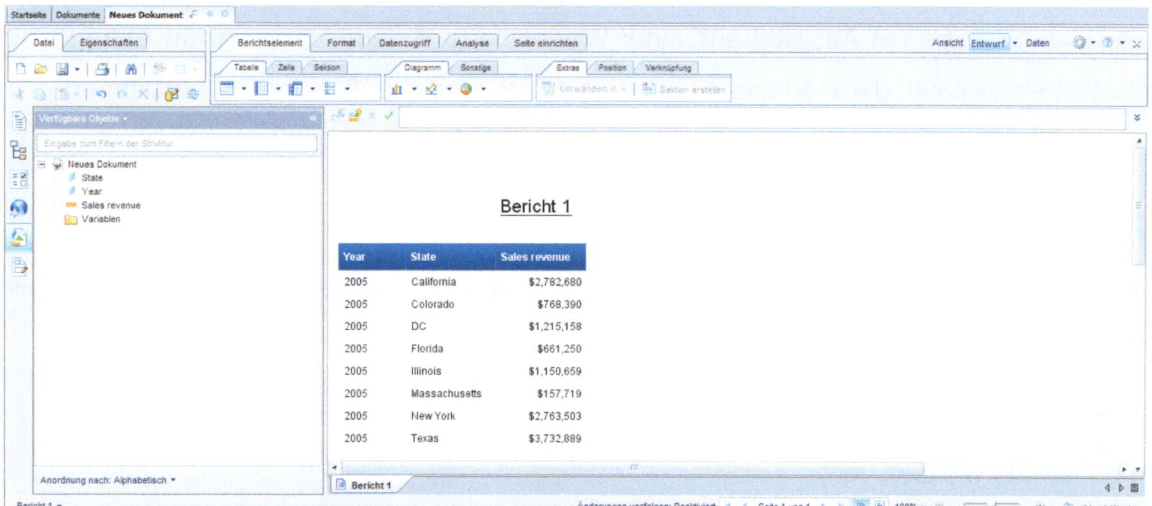

HINWEIS: In diesem Beispiel heißt der Filter „Last Year" und bringt dennoch die Daten von 2005. Dies liegt daran, dass dies in der Schulungsdatenbank das maximale Jahr ist und der Filter, der eigentlich dynamisch das „letzte Jahr" bringen sollte, hier statisch auf 2005 einschränkt.

7) Speichern Sie den Bericht anschließend in Ihrem persönlichen Bereich („Meine Favoriten") unter dem Namen „Vordefinierter Filter".

4.1.2 Datenabfrage mit Auswahl aus einer Werteliste

Bei der Datenabfrage mit Auswahl aus einer Werteliste wird dem Anwender im Abfrageeditor die Möglichkeit eingeräumt, die Werte, nach denen gefiltert werden soll, selber zu bestimmen.

Aufgabenstellung

Sie möchten nun statt den Daten des letzten Jahres nur die Umsatzzahlen von New York und Kalifornien dargestellt bekommen.

Dazu gehen Sie wie folgt vor:

- Aufrufen des Abfrageeditors

- Löschen des bestehenden Filters

- Identifizierung der Dimension nach der gefiltert werden soll: Staat

- Bestimmung der Filterparameter: Werte aus Liste

- Ausführung der Datenabfrage

Vorgehensweise

1)   Rufen Sie den Abfrageeditor im Bericht „Vordefinierter Filter" auf, indem Sie in der Navigationsleiste auf „Datenzugriff" und anschließend auf „Bearbeiten" klicken.

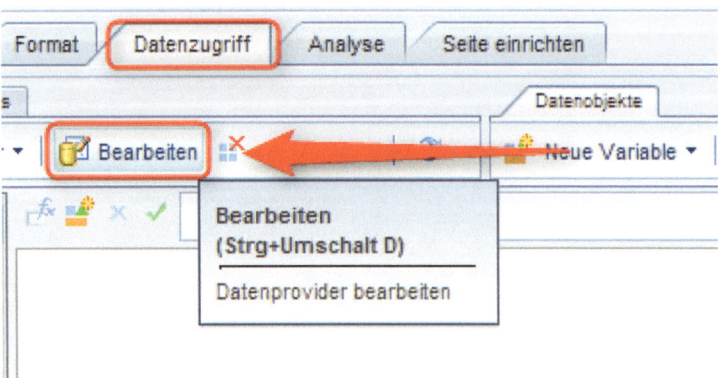

2) Klicken Sie einmal auf den Objekttyp „Last Year" und anschließend entfernen Sie den Filter, indem Sie auf den Button „Entfernen" klicken.

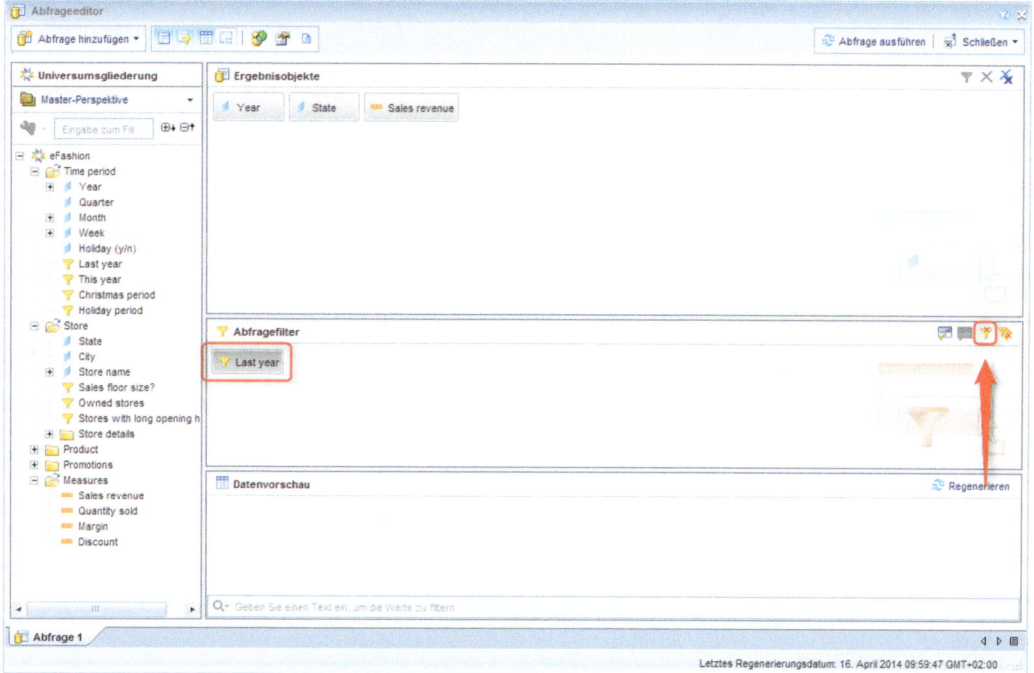

3) Identifizieren Sie die Dimension Staat als Objekt, nach der gefiltert werden soll:

- Klasse „Store": „State"

Ziehen Sie die Dimension „State" per Drag & Drop in den Bereich des Abfragefilters.

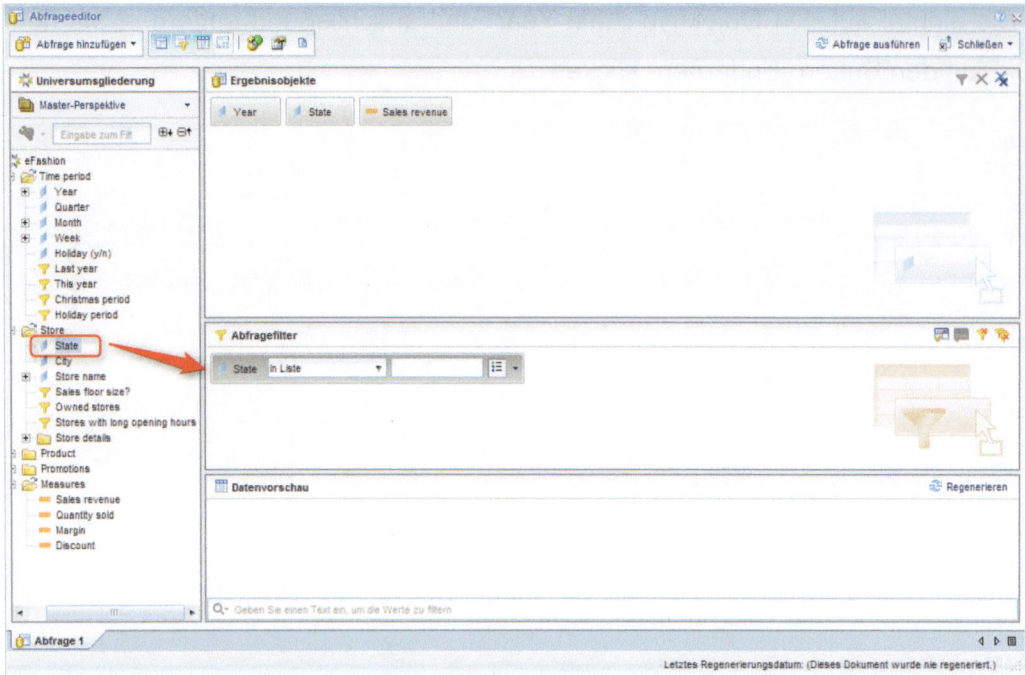

4)   Neben der Dimension erscheint nun automatisch eine Dropdown-Box, die mit „in Liste" vorbe-
      legt ist und die Sie an dieser Stelle ignorieren können. Daneben befinden sich ein noch leeres
      Eingabefeld und wiederum daneben eine weitere Dropdown-Box, auf die Sie nun klicken
      müssen. Selektieren Sie „Werte aus Liste", um die Parameter für die Filteranwendung zu be-
      stimmen.

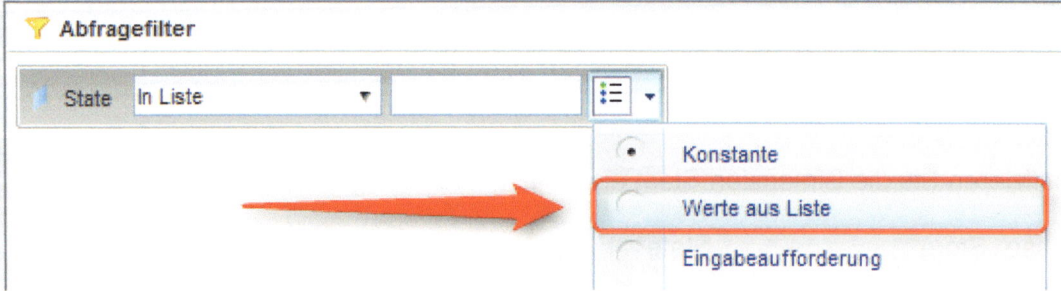

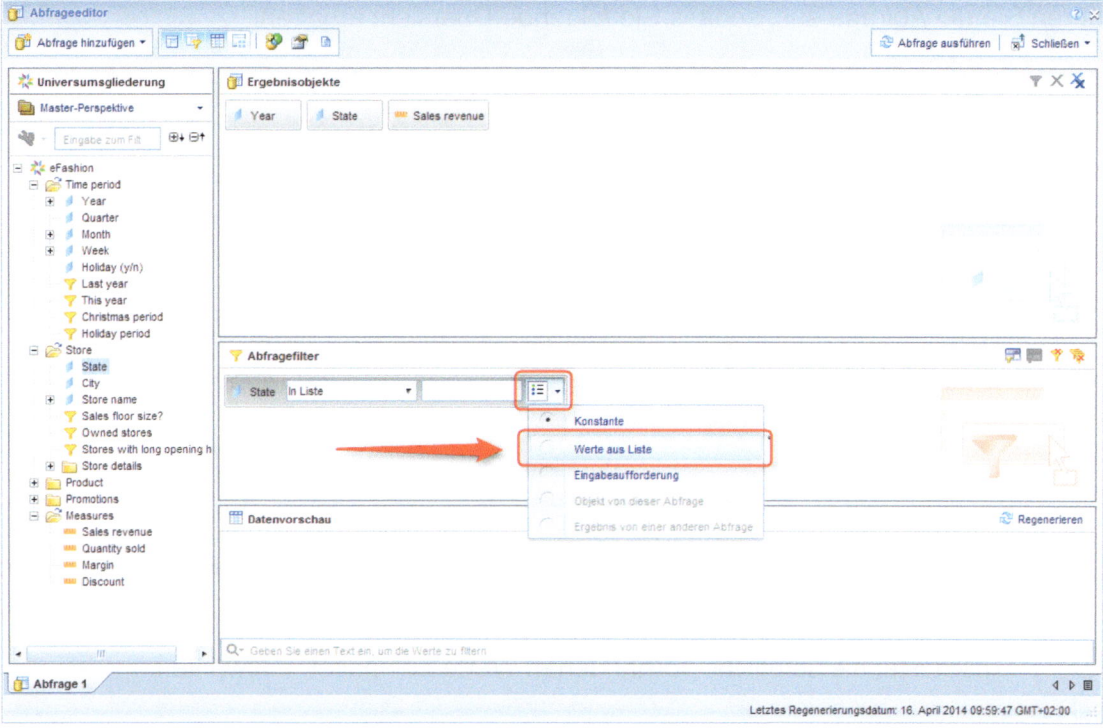

5)	Es erscheint das Fenster „Werteliste". Wählen Sie nun „California" und „New York" aus und klicken Sie auf den Pfeil, um die zwei Staaten in den Bereich „Ausgewählte Werte" zu ziehen. Bestätigen Sie anschließend Ihre Eingabe, indem Sie auf „OK" klicken.

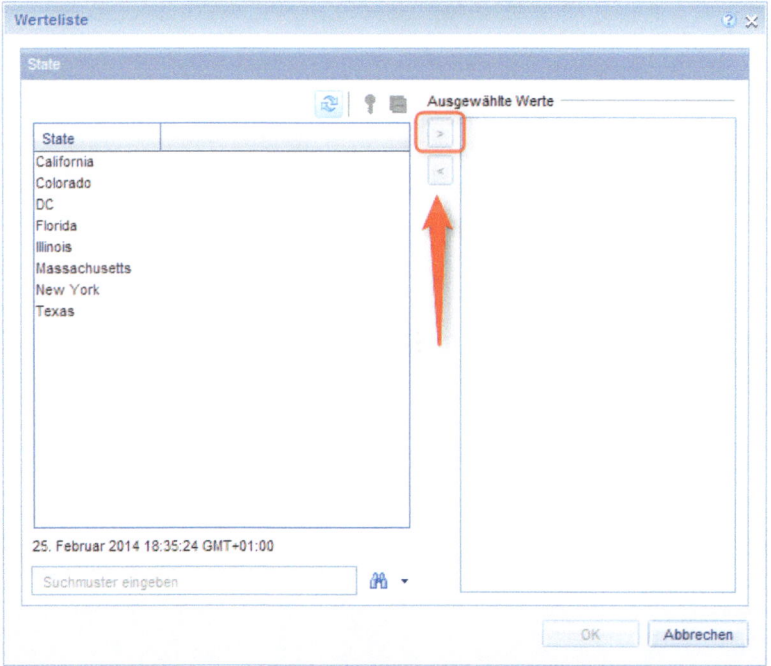

6)   Führen Sie die Abfrage aus, sodass Sie folgende Übersicht erhalten:

Year	State	Sales revenue
2004	California	$1,704,211
2004	New York	$1,667,696
2005	California	$2,782,680
2005	New York	$2,763,503
2006	California	$2,992,679
2006	New York	$3,151,022

HINWEIS: Der Filter „Werte aus Liste" wird verwendet, wenn die Auswahlmöglichkeiten oder Ihre Schreibweise dem Entwickler unbekannt sind. Dieser kann somit Werte aus einer Liste, die sämtliche vorhandenen Werte beinhaltet, auswählen.

Sollten die Werte dem Entwickler bekannt sein, so kann dieser die Einstellung „Konstante" auswählen und die Werte händisch über das entsprechende Eingabefeld eingeben, wie in der folgenden Abbildung veranschaulicht wird. Die Werte müssen dabei durch Semikolon getrennt werden.

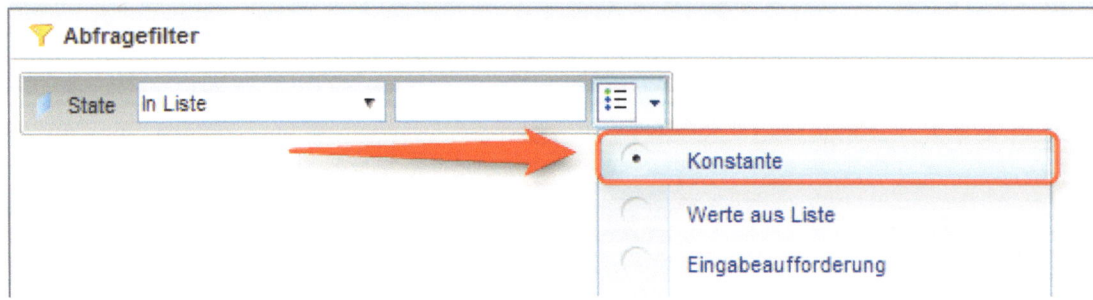

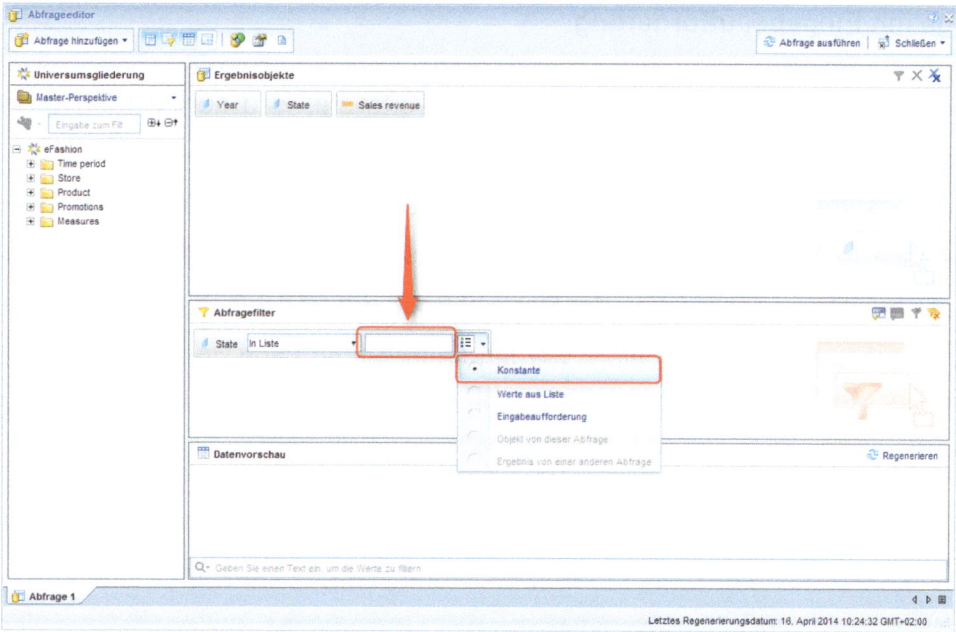

7) Speichern Sie den Bericht anschließend in Ihrem persönlichen Bereich („Meine Favoriten") unter dem Namen „Werteliste".

4.1.3 Datenabfrage mit Eingabeaufforderung

Ähnlich wie bei der Datenabfrage mit Auswahl aus einer Werteliste, wird dem Anwender bei der Datenabfrage mit Eingabeaufforderung die Möglichkeit eingeräumt die Werte, nach denen gefiltert werden soll, selber zu bestimmen. Der wesentliche Unterschied liegt darin, dass der Filter nun nicht im Abfrageeditor statisch festgelegt wird, sondern dynamisch im Bericht verändert werden kann. Dies hat zufolge, dass bei der Regenerierung der Datenabfrage auf Berichtsebene, die Eingabeaufforderung immer wieder neu und anders belegt werden kann. Somit kann der Anwender, der den Abfrageeditor nie zu sehen bekommt, ein und denselben Bericht immer wieder mit neuen Parameterwerten befüllen.

Aufgabenstellung

Sie möchten nicht nur die oben erwähnten Staaten miteinander vergleichen, sondern dem Endbenutzer des Berichtes zusätzlich die Möglichkeit einräumen, selber bestimmen zu können, welche Jahre in dem Bericht berücksichtigt werden sollen. In diesem Beispiel sollen es die Jahre 2005 und 2006 sein, die Sie jedoch in zwei separaten Berichtsaufrufen vergleichen wollen.

Dazu gehen Sie wie folgt vor:

- Aufrufen des Abfrageeditors
- Identifizierung der Dimension nach der gefiltert werden soll: Jahr
- Bestimmung der Filterparameter: Eingabeaufforderung
- Überprüfung der Einstellungen
- Ausführung der Datenabfrage
- Regenerierung des Datensatzes

Vorgehensweise

1) Rufen Sie den Abfrageeditor im Bericht „Werteliste" aus der letzten Übung auf, indem Sie in der Navigationsleiste auf „Datenzugriff" und anschließend auf „Bearbeiten" klicken.

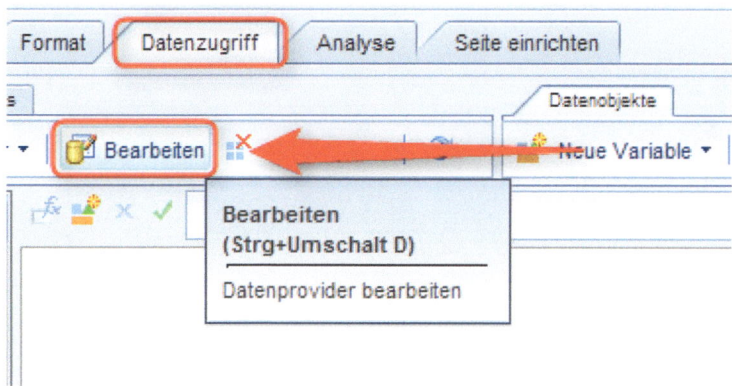

2) Identifizieren Sie die Dimension Jahr als Objekt, nach der zusätzlich gefiltert werden soll.

   - Klasse „Time Period":   „Year"

   Ziehen Sie die Dimension „Year" per Drag & Drop in den Bereich des Abfragefilters.

3) Rufen Sie die Filteroptionen auf und klicken Sie auf „Eingabeaufforderung", um die Parameter für die Filteranwendung zu bestimmen.

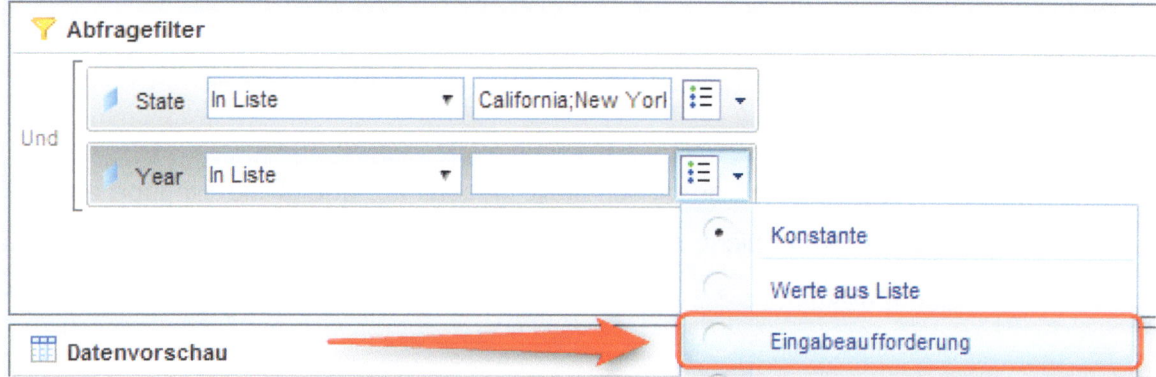

4) Klicken Sie anschließend auf den Button für die Einstellung der Eingabeaufforderung und überprüfen Sie, ob ein Häkchen bei „Eingabeaufforderung mit Werteliste" gesetzt ist.

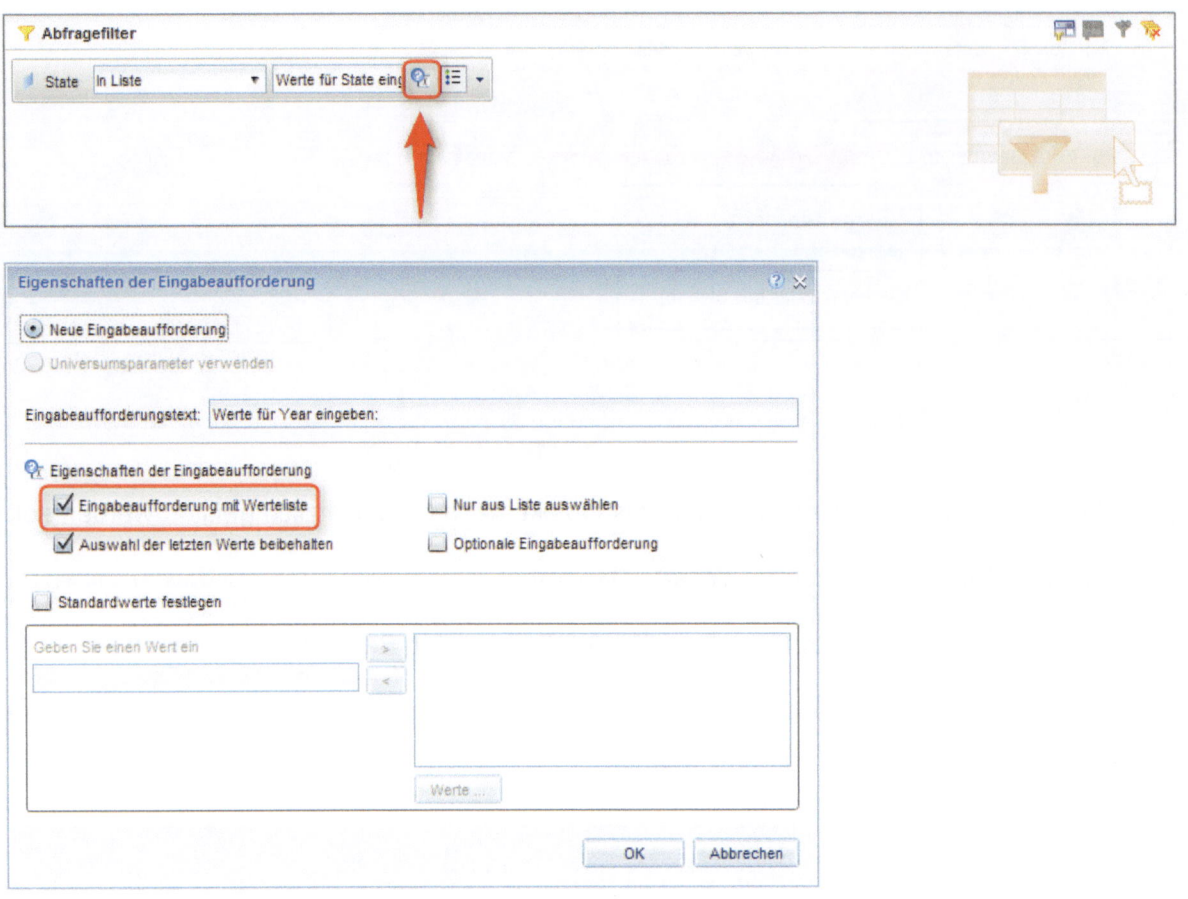

HINWEIS: Wenn das Häkchen an dieser Stelle gesetzt ist, erfolgt die Eingabe anhand einer Werteliste. Wenn nicht, dann müssen die Werte nach Aufforderung manuell einge-tragen werden.

5)   Führen Sie die Abfrage aus, sodass Sie folgende Übersicht erhalten:

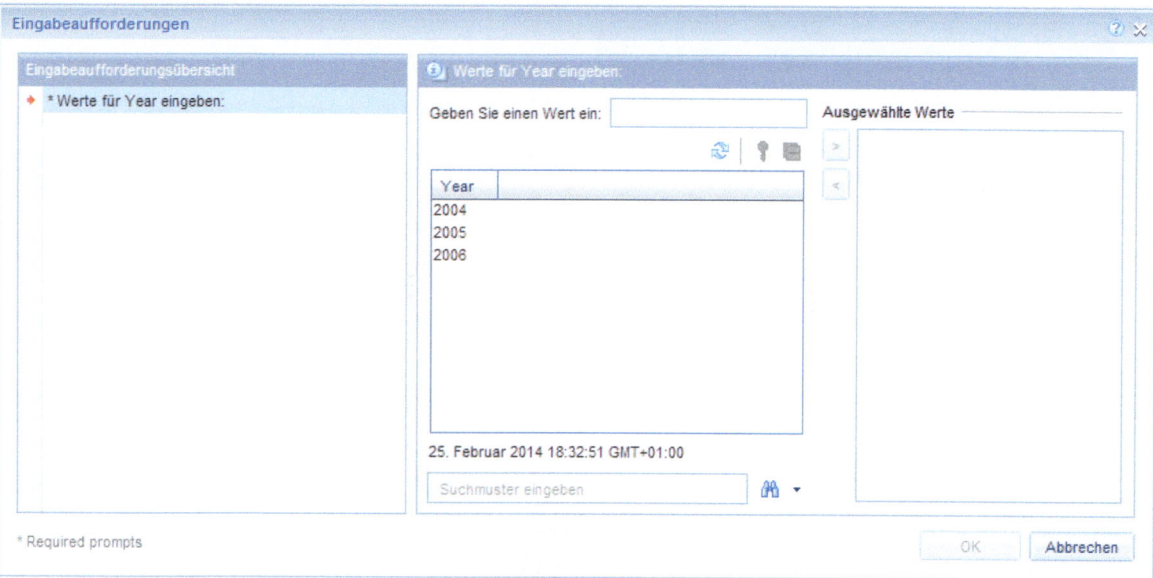

6)   Wählen Sie „2005" aus, ziehen Sie diesen Wert über die entsprechende Pfeiltaste in den Be-
     reich „Ausgewählte Werte" und bestätigen Sie Ihre Eingabe mit Klicken auf „OK".

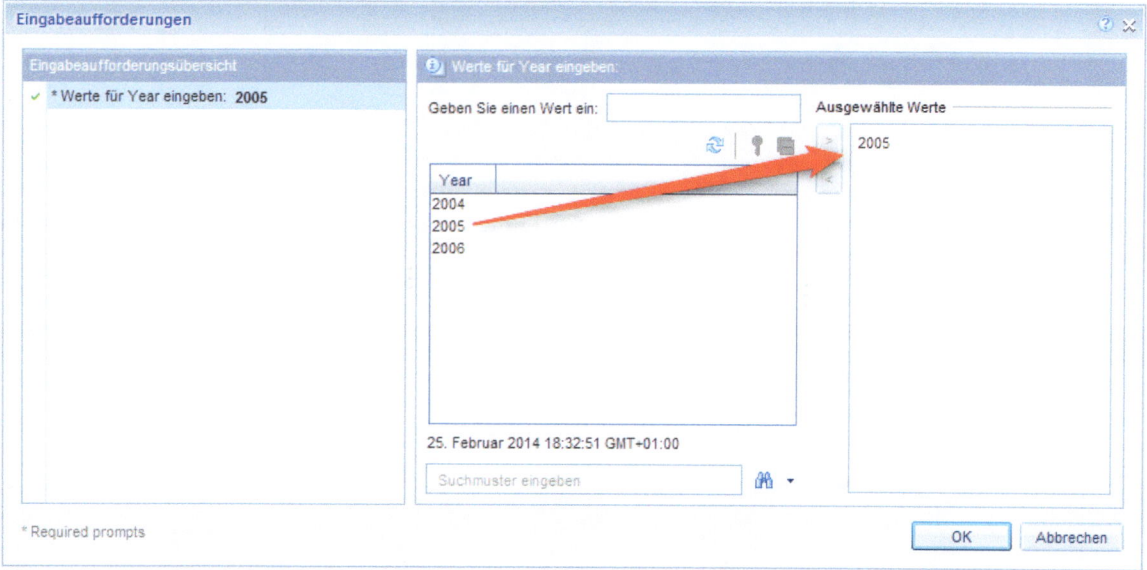

Sie sollten nun folgende Tabelle sehen:

Year	State	Sales revenue
2005	California	$2,782,680
2005	New York	$2,763,503

7)   Regenieren Sie den Datensatz, indem Sie auf folgendes Symbol klicken:

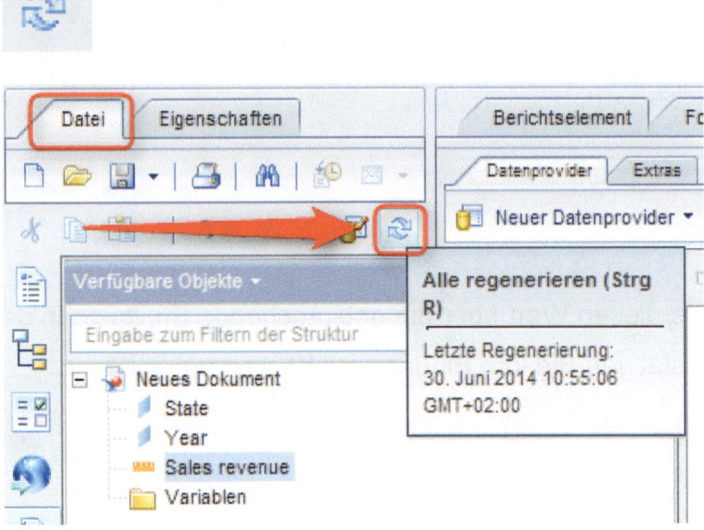

HINWEIS: Regenerierung bedeutet, dass die Daten des Berichts erneut aus der Datenquelle abgerufen werden. Wie bereits in den Grundlagen erläutert, besteht ein Bericht immer aus zwei Komponenten: Zum einen den Daten, zum anderen ihrer visuellen Aufbereitung. Bei der Regenerierung werden also „frische" Daten in den Bericht geladen. Verfügt der Bericht über Eingabeaufforderungen, sind diese bei der Regenerierung jeweils neu zu beantworten.

8) Entfernen Sie nun „2005" aus dem Bereich „Ausgewählte Werte" und fügen Sie den Wert „2006" hinzu. Bestätigen Sie Ihre Eingabe durch Klicken auf „OK".

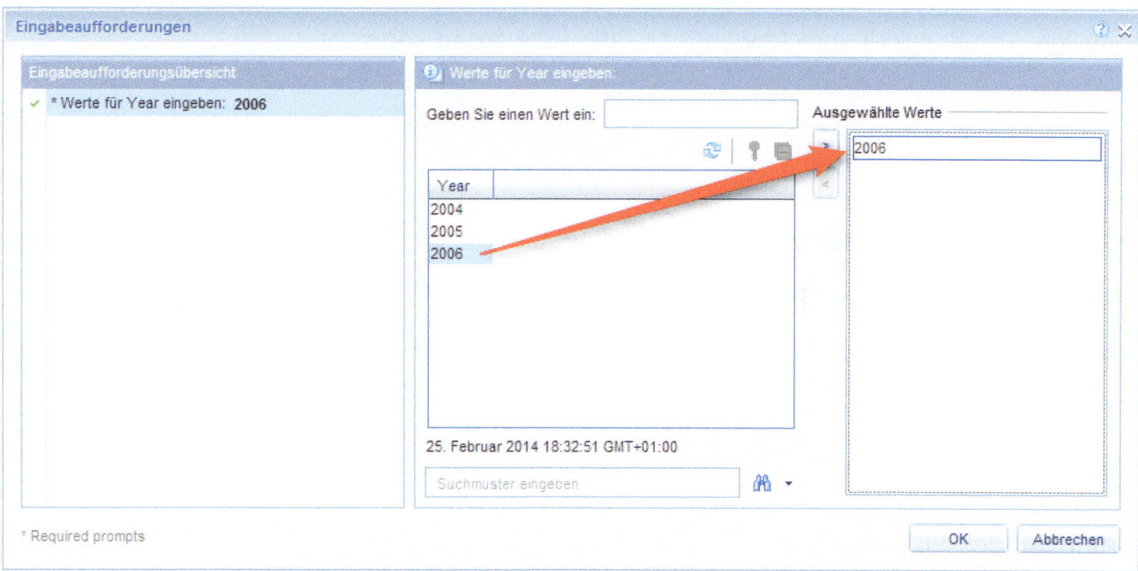

Nun sollten Sie folgende Tabelle erhalten:

Year	State	Sales revenue
2006	California	$2,992,679
2006	New York	$3,151,022

Sie haben die Abfrage also so erstellt, dass bei jeder Aktualisierung des Berichts wieder angegeben werden muss, für welches Jahr die Daten gezogen werden sollen.

9) Speichern Sie den Bericht anschließend in Ihrem persönlichen Bereich („Meine Favoriten") unter dem Namen „Eingabeaufforderung".

4.1.4 Datenabfrage mit mehreren Filtern

Die Datenabfrage mit mehreren Filtern dient zur Verknüpfung von unterschiedlichen Filtern, deren gegenseitige Abhängigkeit vom Anwender bestimmt werden kann.

Aufgabenstellung

Sie interessieren sich nun für die gesamten Umsätze der vergangenen Jahre für ganz spezifische Produkte in den jeweiligen Staaten, und zwar für Lederwaren in New York und Accessoires in Kalifornien. Diese wollen Sie nun in *einem* Bericht angezeigt bekommen.

Dazu gehen Sie wie folgt vor:

- Aufrufen des Abfrageeditors

- Löschen des Filter bezüglich der Jahre

- Identifizierung der Dimension, nach der zusätzlich gefiltert werden soll: Produktlinie

- Bestimmung der Filterbedingungen

- Ausführung der Datenabfrage

Vorgehensweise

1) Rufen Sie den Abfrageeditor im Bericht „Eingabeaufforderung", indem Sie in der Navigationsleiste auf „Datenzugriff" und anschließend auf „Bearbeiten" klicken.

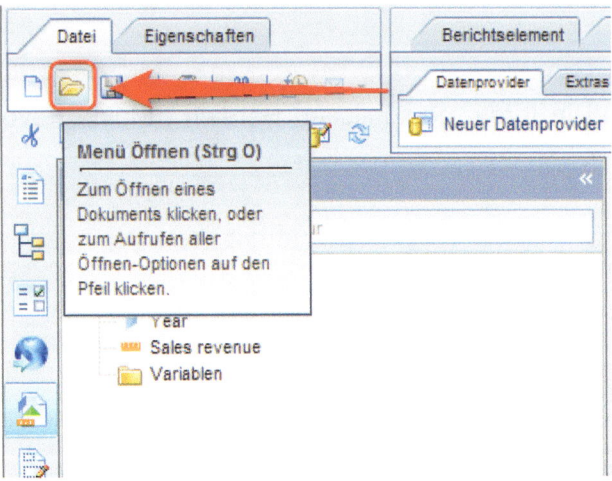

2) Klicken Sie einmal auf den Filter „Year" im Bereich des Abfragefilters und anschließend auf den Button „Entfernen", um den Filter bezüglich der Jahre zu eliminieren.

3) Identifizieren Sie die Dimension Produktlinie als Objekt, nach der zusätzlich gefiltert werden soll.

   - Klasse „Product":   „Lines"

   Ziehen Sie die Dimension „Lines" per Drag & Drop in den Bereich der Ergebnisobjekte,

   damit die Resultate in dem Bericht auch tatsächlich angezeigt werden.

4) Ziehen Sie darüber hinaus die Dimension „Lines" ebenfalls per Drag & Drop in den Bereich „Abfragefilter".

   Wiederholen Sie diesen Vorgang erneut für die Objekte „State" und „Lines", sodass sich nun **zwei** Filter bezüglich „State" und **zwei** bezüglich „Lines" in dem Bereich „Abfragefilter" befinden.

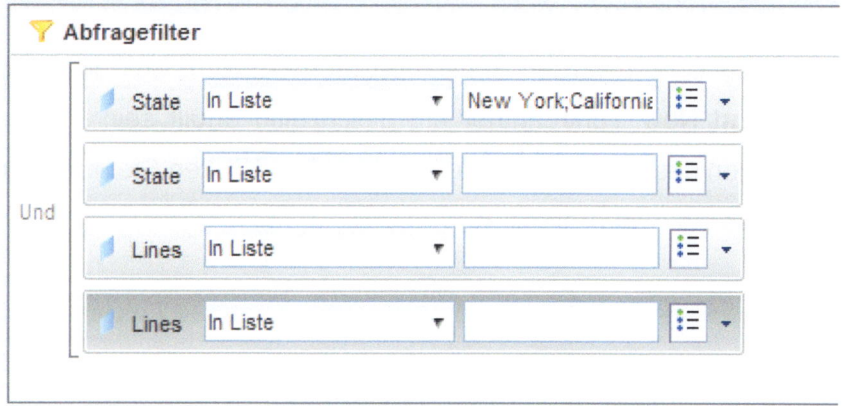

5)   Ziehen Sie anschließend per Drag & Drop einen der beiden „Lines" Filter und setzen Sie die-sen *auf* einen „State" Filter. Führen Sie diesen Schritt auch für die anderen beiden Filter aus.

Wählen Sie bei einem „State" Filter „California" aus und bei dem anderen „New York". Für „California" muss bei dem dazugehörigen „Lines" Filter „Accessoires" als Wert ausgewählt werden und bei „New York" „Leather", sodass der Abfragefilter wie folgt aussieht:

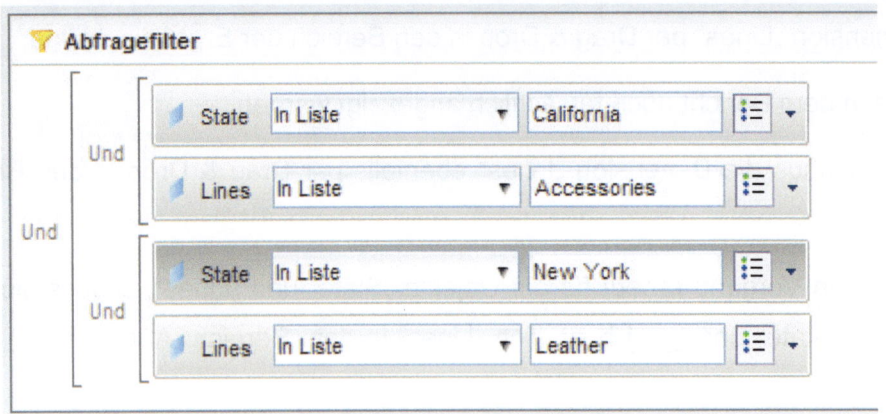

6)   Würden Sie die Abfrage so ausführen, würden Sie keine Daten erhalten, weil die Bedingun-gen California/Accessoires **und** New York/Leather nie gleichzeitig erfüllt sein können. Sie müssen die beiden Bedingungen deshalb durch „Oder" verknüpfen. Klicken Sie hierzu auf das vorderste „Und", sodass daraus ein „Oder" entsteht.

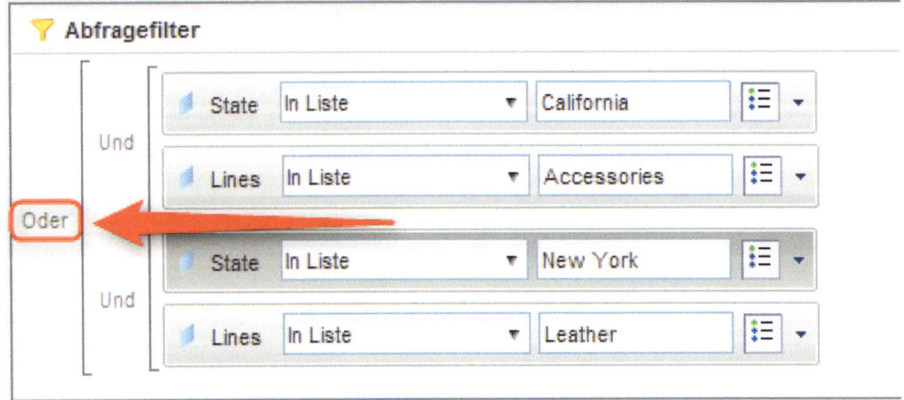

7) Führen Sie die Datenabfrage aus und Sie erhalten folgenden Bericht:

Year	State	Sales revenue
2004	California	$489,666
2004	New York	$8,415
2005	California	$1,053,537
2005	New York	$7,956
2006	California	$325,803
2006	New York	$7,860

8) Da Sie die Produktlinie ebenfalls angezeigt haben möchten, ziehen Sie die entsprechende Dimension aus der Leiste „Verfügbare Objekte" per Drag & Drop in den Tabellenkopf des Berichtes und positionieren diese hinter die Überschrift „State".

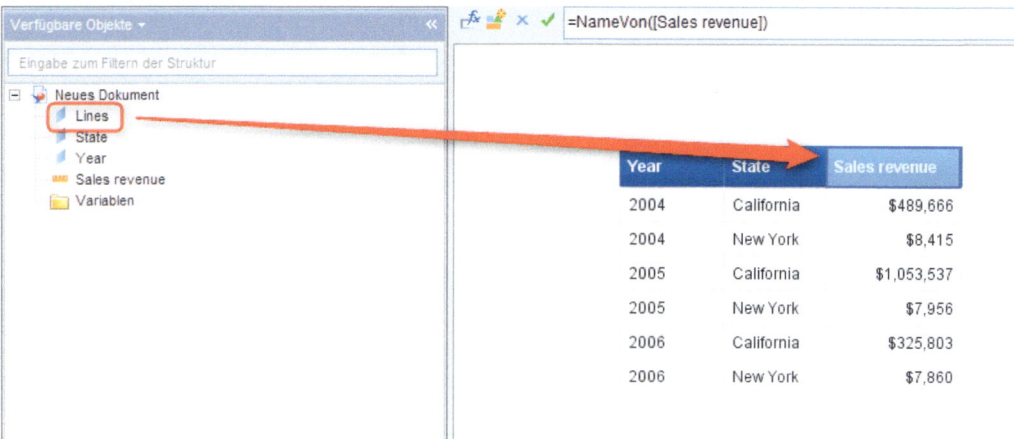

Somit entsteht folgende Übersicht der Ergebnisse:

Year	State	Lines	Sales revenue
2004	California	Accessories	$489,666
2004	New York	Leather	$8,415
2005	California	Accessories	$1,053,537
2005	New York	Leather	$7,956
2006	California	Accessories	$325,803
2006	New York	Leather	$7,860

9) Speichern Sie den Bericht anschließend in Ihrem persönlichen Bereich („Meine Favoriten")
unter dem Namen „Mehrere Filter".

4.1.5 Datenabfrage mit Unterabfrage

Bei der Datenabfrage mit Unterabfrage hängen die Ergebnisse der Hauptabfrage von denen der Unterabfrage ab. Sie erreichen so die sequentielle Abarbeitung von Ergebnissen.

Aufgabenstellung

Sie möchten den Umsatz (Sales Revenue) pro Jahr und Filiale angezeigt bekommen, jedoch nur für Filialen, die *über alle Jahre gesehen* einen Umsatz größer 3.000.000 $ erwirtschaftet haben.

Dazu gehen Sie wie folgt vor:

- Aufrufen des Abfrageeditors

- Einfügen der Anzeigeobjekte

- Einfügen der Unterabfrage

- Ausführung der Datenabfrage

Vorgehensweise

1) Erstellen Sie einen neuen Bericht auf Basis des eFashion-Universums.

2) Identifizieren Sie nun die entsprechenden Objekte:

   - Klasse „Time Period":   Dimension „Year" (Jahreszahl)

   - Klasse „Store":   Dimension „Store name" (Geschäftsname)

   - Klasse „Measures":   Kennzahl „Sales revenue" (Umsatz)

Ziehen Sie nacheinander die relevanten Elemente per Drag & Drop in den Bereich der „Ergebnisobjekte", um den Datenprovider zu definieren.

3)   Ziehen Sie nun die Kennzahl „Sales revenue" mit der Bedingung „Größer als 3000000" in den Bereich „Abfragefilter".

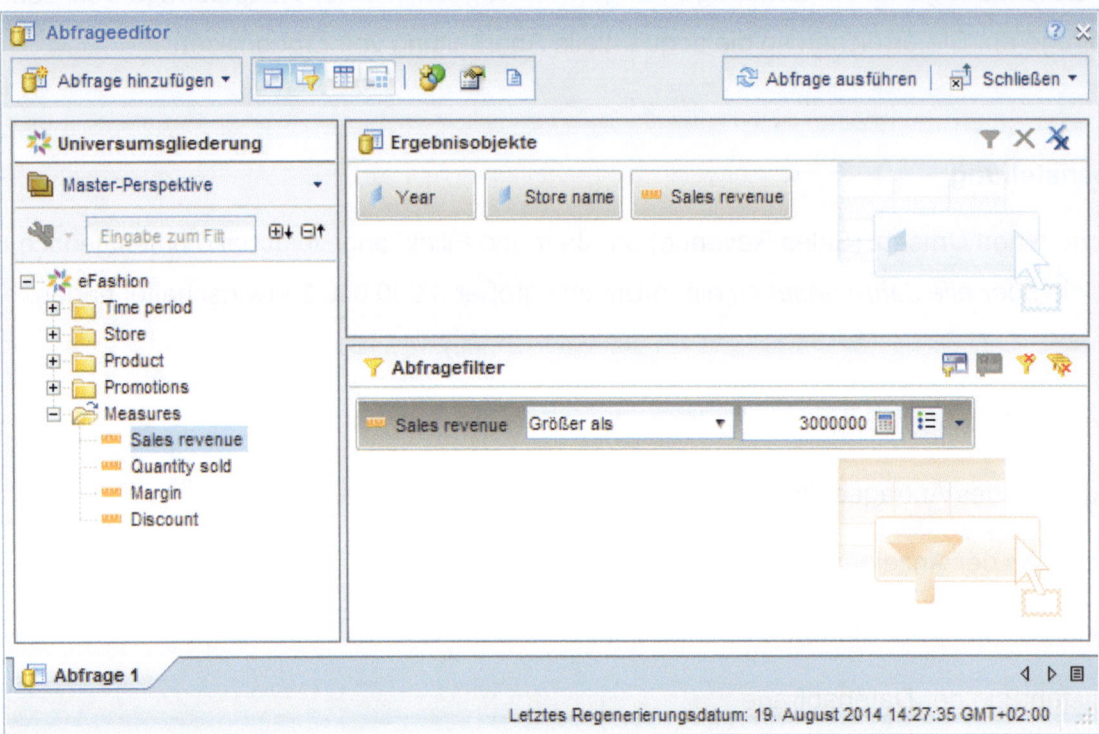

4)   Führen Sie die Abfrage aus, indem Sie auf „Abfrage ausführen" klicken. Sie erhalten folgende Fehlermeldung:

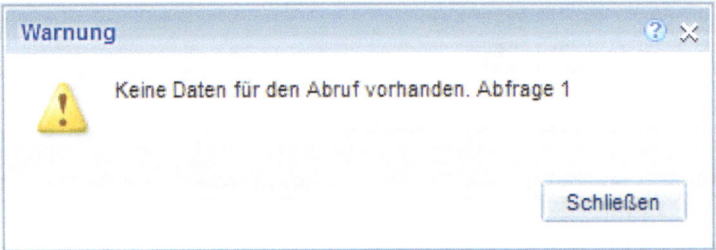

Das liegt daran, dass Ihre „Sales revenue"-Bedingung auf die Kombination von „Year" und „Store name" angewendet wird. Es gibt jedoch keine Filiale, die in einem einzigen Jahr mehr als 3.000.000 $ Umsatz erwirtschaftet hat. Schließen Sie den Dialog.

5) Rufen Sie den Abfrageeditor erneut auf, indem Sie in der Navigationsleiste auf „Datenzugriff"
    und anschließend auf „Bearbeiten" klicken:

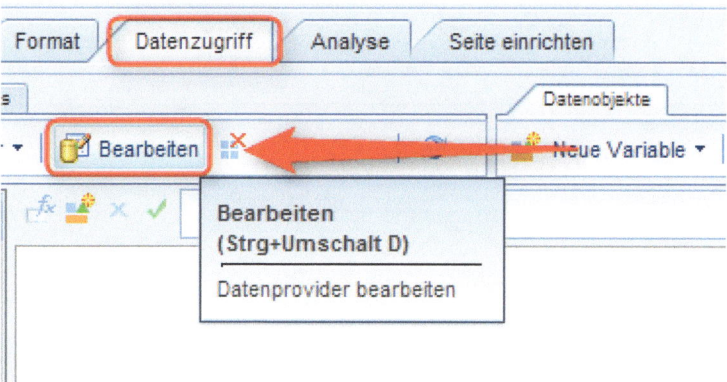

6) Klicken Sie auf den linken Teil des Abfragefilters, um ihn zu markieren, und drücken Sie dann
    den „Entfernen"-Schalter:

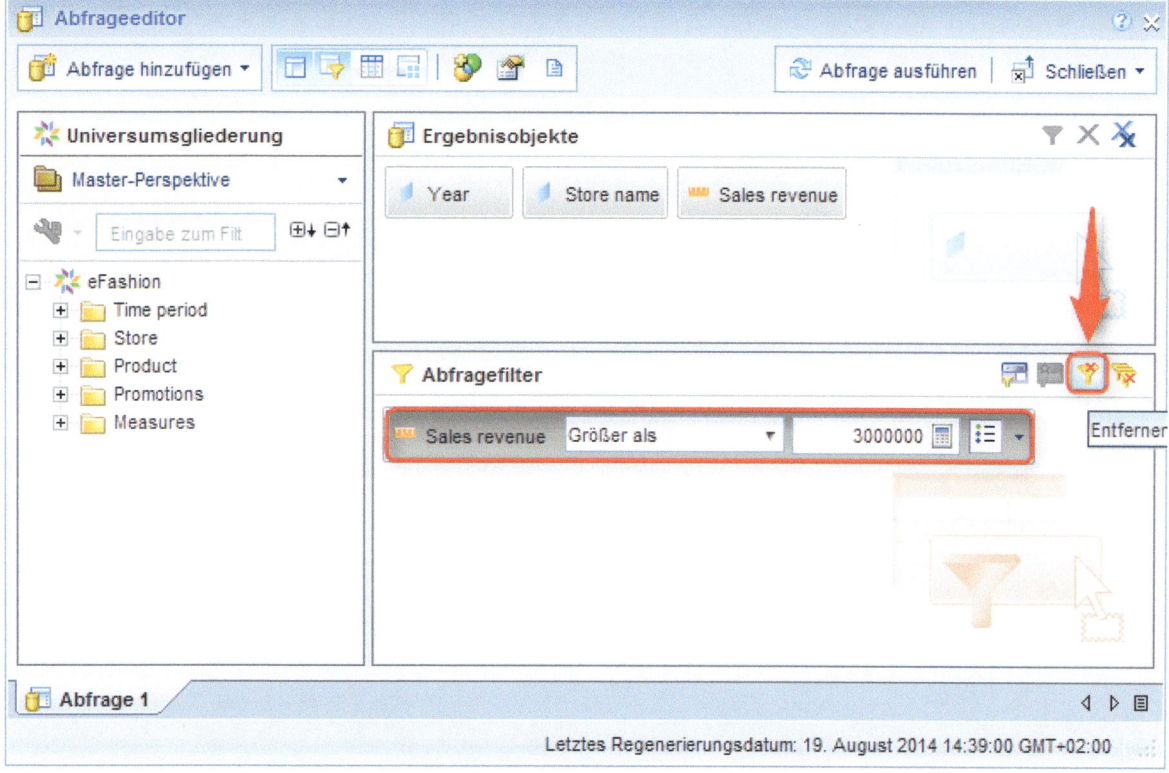

7) Klicken Sie dann zunächst auf das „Store name" in den Ergebnisobjekten und anschließend auf das Symbol für die Unterabfrage, das sich oben rechts im Bereich des Abfragefilters befindet:

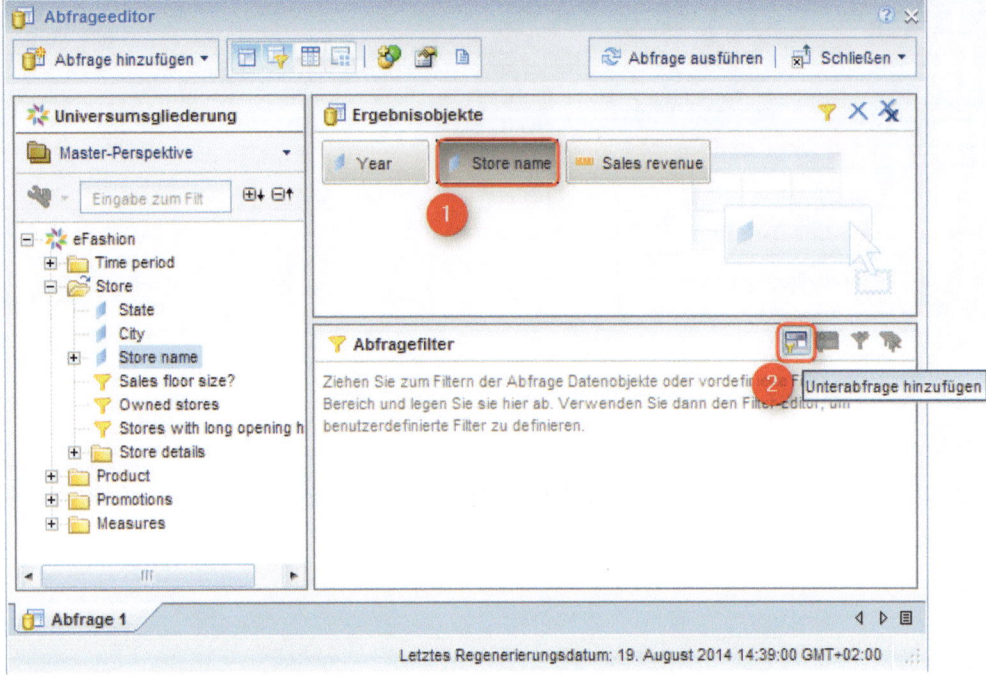

Sie erhalten dann folgendes Bild:

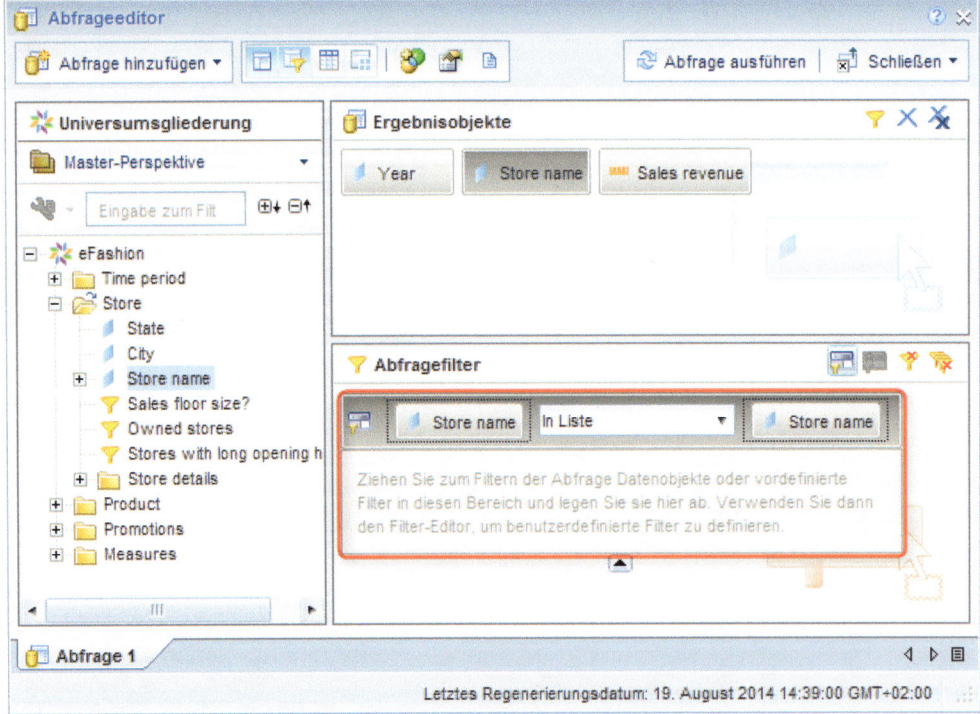

8) Ziehen Sie anschließend das Objekt „Sales revenue" per Drag & Drop aus den Ergebnisobjekten (Sie könnten es auch aus der Liste der verfügbaren Objekte links holen) in den hell-
grauen Bereich der Unterabfrage:

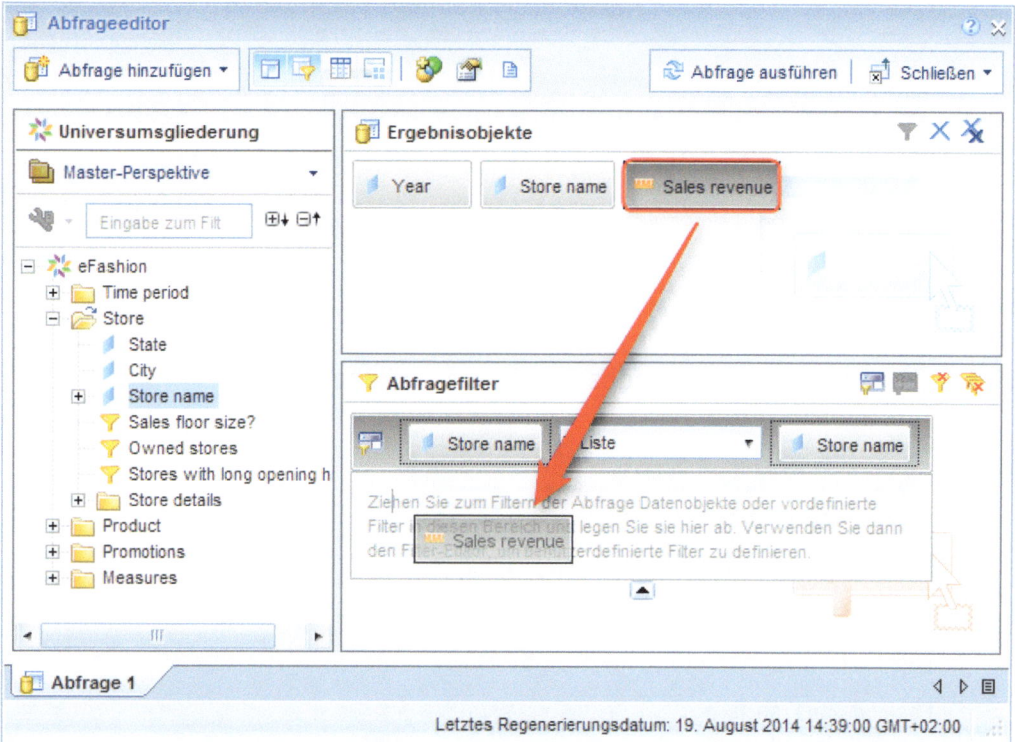

Ihr Abfragefilter sieht nun wie folgt aus:

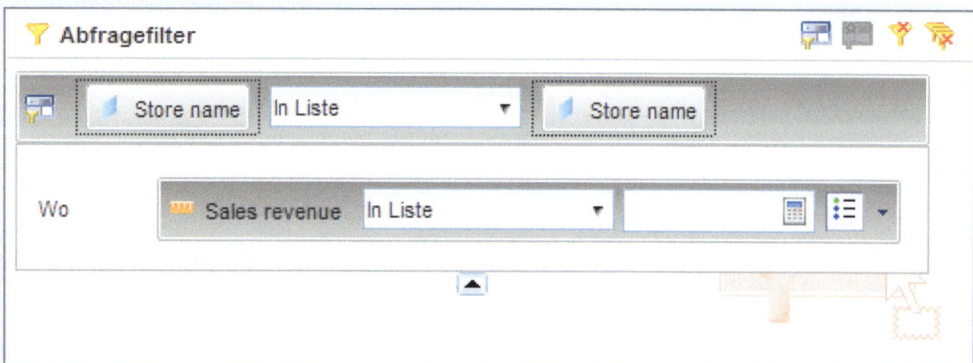

9) Ändern Sie den Operator auf „Größer als" und den Operanden auf „3000000".

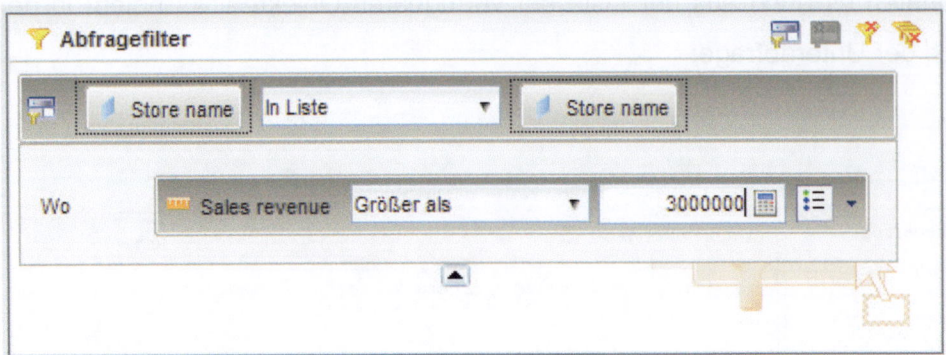

10) Führen Sie die Abfrage aus, um folgendes Ergebnis zu erhalten:

Year	Store name	Sales revenue
2004	e-Fashion Chicago 33rd	$737,914
2004	e-Fashion Houston Leighton	$682,231
2004	e-Fashion Los Angeles	$982,637
2004	e-Fashion New York Magnolia	$1,023,061
2004	e-Fashion San Francisco	$721,574
2005	e-Fashion Chicago 33rd	$1,150,659
2005	e-Fashion Houston Leighton	$1,126,796
2005	e-Fashion Los Angeles	$1,581,616
2005	e-Fashion New York Magnolia	$1,687,359
2005	e-Fashion San Francisco	$1,201,064
2006	e-Fashion Chicago 33rd	$1,134,085
2006	e-Fashion Houston Leighton	$1,335,747
2006	e-Fashion Los Angeles	$1,656,676
2006	e-Fashion New York Magnolia	$1,911,434
2006	e-Fashion San Francisco	$1,336,003

Sie erhalten die Umsätze aller Geschäfte pro Jahr, die in der Summe über alle Jahre mehr als 3.000.000 $ Umsatz erzielt haben, auch wenn keinem dies in einem einzigen Jahr gelungen ist.

11) Speichern Sie den Bericht unter dem Namen „Unterabfrage". Wenn Sie möchten, können Sie ihn beim Thema „Gruppenwechsel" (Kapitel 8.1.1) erneut aufrufen, um die Summe pro Geschäft zu prüfen.

4.2 Zusammenfassung

Filter

Mit Abfragefiltern werden die von der Datenbank zurückzuliefernden Ergebnisse auf die relevanten Datensätze beschränkt. Bei der Anwendung von Filtern existieren unterschiedliche Möglichkeiten:

Vordefinierter Filter

Der vordefinierte Filter ruft eine vom Entwickler vorab definierte Einschränkung ab und ist somit nicht mehr nachträglich vom Anwender zu konfigurieren.

Werteliste

Bei der Abfrage mit Hilfe einer Werteliste, wird bei dem Filtereinsatz eine Liste aufgerufen, die sämtliche Werte der Dimension beinhaltet, sodass der Berichtsentwickler die Filterbedingungen anhand dieser Liste festlegen kann. Die Filterbedingung wird somit im Abfrageeditor statisch festgelegt und kann vom Endanwender nicht mehr geändert werden.

Eingabeaufforderung

Bei der Filteroption mit Eingabeaufforderung handelt es sich um eine dynamische Filtermöglichkeit, da dem Anwender die Möglichkeit eingeräumt wird, bei jeder Berichtsaktualisierung eine neue Einschränkung festzulegen.

Verknüpfung mehrerer Filter

Bei dem Einsatz von mehreren Filtern werden diese miteinander verknüpft, indem der Anwender ihre Abhängigkeit voneinander bestimmt. Der Anwender muss die Filterbedingungen „Und" oder „Oder" definieren, um den Erfolg des Filters zu beeinflussen.

Unterabfrage

Mit einer Unterabfrage kann man Ergebnisse auf einer anderen Ebene einschränken als man sie in der Ergebnismenge darstellen möchte. Die Unterabfrage schränkt die Hauptabfrage dynamisch ein.

4.3 Vertiefendes Anwendungswissen

4.3.1 Manueller Filter

Bei dem manuellen Filtereinsatz werden drei wesentliche Bestandteile unterschieden, wie folgende Abbildung vereinfacht darstellt. Das Objekt legt die Dimension sowie den Bereich, in dem der Filter angewendet wird, fest. Der Operator definiert die Art der Filteranwendung, sodass nach einem bestimmten Operand gefiltert wird. Der Operand wiederum kann auf unterschiedliche Weise angegeben werden, und ermöglicht somit weitere Flexibilität bei den Eingabemöglichkeiten.

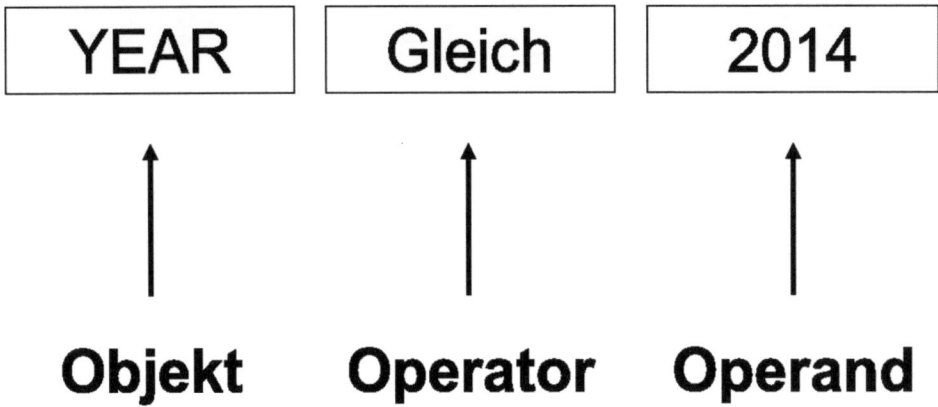

In unserem Beispiel wird die Dimension „Year" ebenfalls in den Bereich Abfragefilter gezogen. Im linken Dropdown Menu können nun folgende Operatoren ausgewählt werden:

Operator	Bedeutung
In Liste	Die Eingabe ist Bestandteil der Liste.
Nicht in Liste	Die Eingabe ist nicht Bestandteil der Liste.
Gleich	Die Eingabe ist gleich *einem* bestimmten Wertes.
Ungleich	Die Eingabe ist ungleich *einem* bestimmten Wertes.
Größer als	Die Eingabe ist größer als ein bestimmter Wert.
Größer als oder gleich	Die Eingabe ist größer als oder gleich ein bestimmter Wert.

Operator	Bedeutung
Kleiner als	Die Eingabe ist kleiner als ein bestimmter Wert.
Kleiner als oder gleich	Die Eingabe ist kleiner als oder gleich ein bestimmter Wert.
Zwischen	Die Eingabe ist zwischen zwei bestimmten Werten.
Ist nicht zwischen	Die Eingabe ist nicht zwischen zwei bestimmten Werten.
Ist Null	Die Eingabe ist *Null*, nicht zu verwechseln mit einem leeren String oder der Zahl 0. Das entsprechende Datenbankfeld ist also nicht gefüllt.
Ist nicht Null	Die Eingabe ist nicht gleich *Null*.
Gleich Muster	Die Eingabe ist gleich einem bestimmten Muster (bitte Hinweise im nächsten Absatz berücksichtigen).
Ungleich Muster	Die Eingabe ist ungleich einem bestimmten Muster (bitte Hinweise im nächsten Absatz berücksichtigen).
Beide	Die Eingaben werden beide in dem Filter berücksichtigt
Außer	Es wird alles „außer" gesucht.

Um die einzelnen Operatoren und ihre genauen Unterschiede zu verstehen, bedarf es einer detaillieren Beschreibung, denn **„In Liste"** und **„Gleich"** ähneln sich sehr stark, unterscheiden sich jedoch in einem wesentlichen Punkt: Bei dem Operator **„Gleich"** wird lediglich nach genau einem Wert gesucht, wohingegen der Operator **„In Liste"** nach mehreren Begriffen bzw. Werten filtern kann. Wählt man bei der Option **„In Liste"** lediglich einen Wert aus, so entspricht diese Option der **„Gleich"** Variante, kann allerdings zu leichten Geschwindigkeitseinbußen bei der Abfrage führen.

Bei Verwendung der Operatoren **„Gleich Muster"** oder **„Ungleich Muster"** muss mit sogenannten Wildcards gearbeitet werden. Diese Zeichen stehen vor und/oder hinter der zu suchenden Zeichenkette. Dabei ersetzt das „%" (Prozentzeichen) eine beliebige Anzahl an Zeichen, der „_" (Unterstrich) genau ein Zeichen.

Gibt man beispielsweise den Filter „State / Gleich Muster / C%" an, so erhält man die Daten aller Staaten, die mit „C" beginnen. Schreibt man stattdessen „State / Gleich Muster / %C%", so erhält man nicht nur alle Staaten, die mit „C" beginnen, sondern auch alle, in denen überhaupt ein „C" vorkommt. Ob dabei übrigens die Klein-/Großschreibung beachtet wird, hängt von der Konfiguration Ihrer Datenbank ab und kann nicht allgemein beantwortet werden.

4.3.2 Einstellungen bei Filter mit Eingabeaufforderung

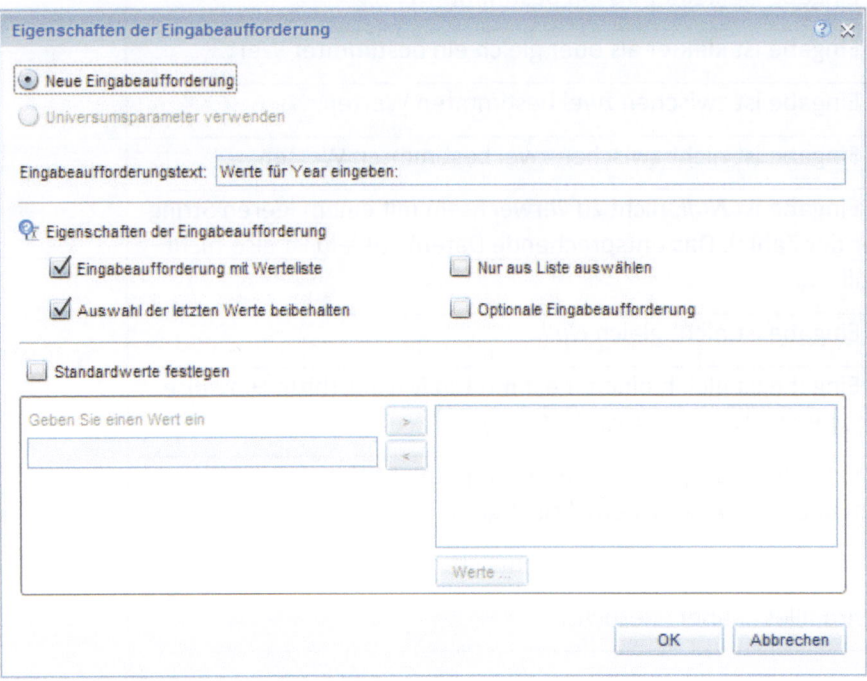

- Der Eingabeaufforderungstext kann nach Belieben festgelegt werden und gibt die Aufforderung an, die der Anwender bei der Aktualisierung des Berichts sieht.

- Die Eingabe kann so bestimmt werden, dass sie entweder per Werteliste oder per manueller Eingabe erfolgt. Sollte es eine unüberschaubare Anzahl möglicher Werte geben, sollten Sie auf das Anhängen einer Werteliste verzichten.

- Mit der Option „Nur aus Liste auswählen" können Sie den Prompt so einstellen, dass der Anwender nur aus einer Werteliste wählen kann. Eine Freitexteingabe ist dann nicht möglich. Diese Option bietet sich an, wenn aufgrund der schwierigen Schreibweise von Dimensionswerten Tippfehler wahrscheinlich sind.

- Der Anwender kann die letzte Auswahl an Werten standardmäßig beibehalten, sodass er – wenn er den Bericht häufiger mit denselben Werten aktualisieren möchte – diese nicht immer wieder auswählen muss.

- Die Aufforderung der Eingabe kann optional erfolgen. Wenn also keine Eingabe erfolgt, wird der Filter ignoriert.

- Es können bestimmte Standardwerte festgelegt werden. (Leider besteht immer noch nicht die Möglichkeit, einen „dynamischen Standard", z.B. den „aktuellen Tag", auf Ebene von Web Intelligence zu definieren. Hierzu muss der Universumsentwickler miteinbezogen werden, denn auf Universumsebene kann diese Einstellung erfolgen.)

5. Filter auf Berichtsebene

Der Filter auf Berichtsebene filtert im Unterschied zum bereits kennengelernten Abfragefilter nicht die Daten im Datenprovider, sondern begrenzt nur die in einem bestimmten Berichtselement, z.B. einem Berichtsreiter oder einer Tabelle, angezeigten Daten. Dies hat den Vorteil, dass auf Grundlage desselben Datenproviders mehrere unterschiedliche Berichte bzw. Tabellen erzeugt werden können, die jeweils einen anderen Ausschnitt der vom Datenprovider gelieferten Daten hervorheben.

Wichtig ist, dass man mit dem Filter auf Berichtsebene nicht den Filter auf Abfrageebene ersetzt: Daten, die an keiner Stelle im Dokument benötigt werden, sollten unbedingt bereits durch einen (oder mehrere) Abfragefilter aussortiert werden. Zum einen müssen diese Daten dann gar nicht erst durch das Netz transportiert werden, d.h. die Abfrage wird i.d.R. schneller ausgeführt. Zum anderen müssen diese unnötigen Daten auch bei Berechnungen und dem sog. „Rendering", also der Berichtsaufbereitung, von Web Intelligence nicht berücksichtigt werden.

Umgekehrt können durch den Berichtsfilter nur Daten berücksichtigt werden, die zuvor nicht von der Abfrage eingeschränkt worden sind. Demnach können Sie also nicht (sinnvoll) im Bericht auf Daten der USA (als Land) filtern, wenn Sie zuvor in der Abfrage den Filter auf EUROPA (als Kontinent) eingestellt haben. Das Ergebnis wäre dann zwangsläufig leer.

Filter auf Abfrageebene und Filter auf Berichtsebene ergänzen sich also und sind nicht als Substitute zu betrachten.

5.1 Praktische Einführung

- Filter auf Berichtsebene

Aufgabenstellung

Sie interessieren sich für die Umsatzzahlen der Cardigan-Kategorie. Da Sie schon aus Vorgesprächen erfahren haben, dass die Nachfrage in Massachusetts aufgrund von externen Einflussfaktoren in den vergangenen Jahren eingebrochen ist, möchten Sie die Zahlen ausblenden, da sonst der Bericht zu stark verzerrt wird.

Dazu gehen Sie wie folgt vor:

- Aufrufen des Abfrageeditors

- Anlegen eines Berichtsfilters

- Bestimmen der notwendigen Parameter

Vorgehensweise

1) Erstellen Sie einen neuen Bericht auf Basis des eFashion-Universums.

2) Identifizieren Sie die folgenden Objekte:

   - Klasse „Store":   Dimension „State" (Staat)

   - Klasse „Measures":   Kennzahl „Sales revenue" (Umsatz)

   Ziehen Sie nacheinander die relevanten Elemente per Drag & Drop in den Bereich der „Ergebnisobjekte", um den Datenprovider zu bestimmen.

3) Ziehen Sie nun die Dimension „Category" aus der Klasse „Product" in den Bereich „Abfragefilter".

   Für die Produktkategorie wählen Sie den Wert „Cardigan" aus.

4) Klicken Sie auf „Feld hinzufügen", indem Sie über die Registerkarten „Analyse" und „Filter" auf den Bereich „Filter" gelangen.

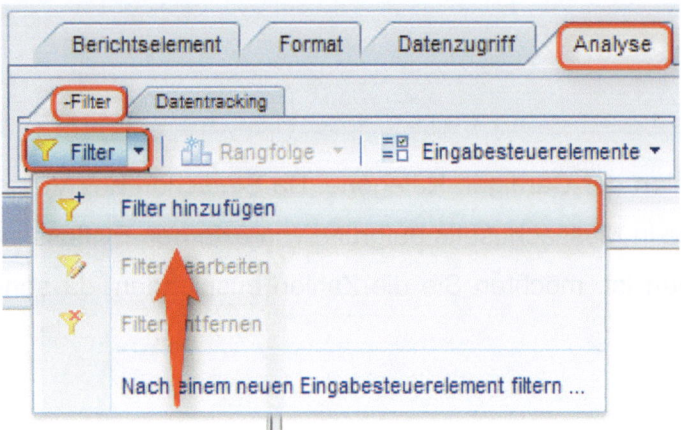

5) Nachdem das nachstehende Fenster erscheint, klicken Sie auf „Filter hinzufügen".

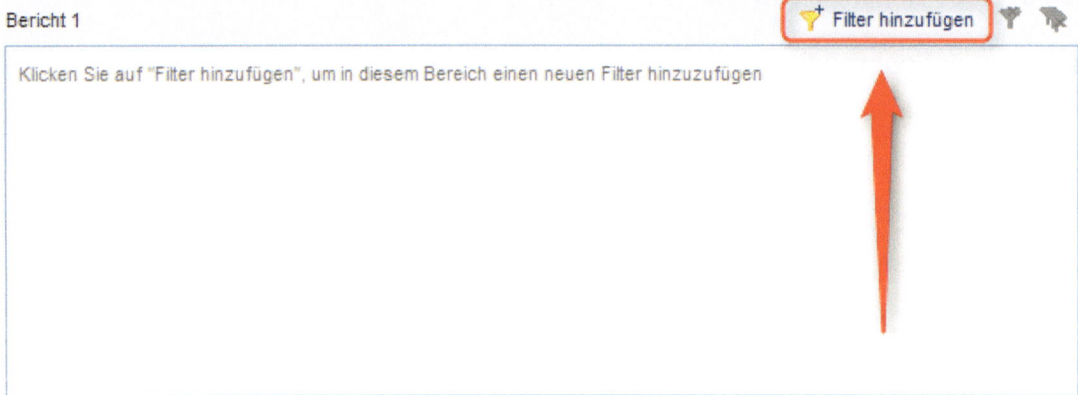

6) Wählen Sie „State" als Dimension, auf die der Berichtsfilter angesetzt werden soll und bestätigen Sie Ihre Eingabe mit „OK".

7) Wählen Sie im oberen Feld den Operator „Ungleich" aus.

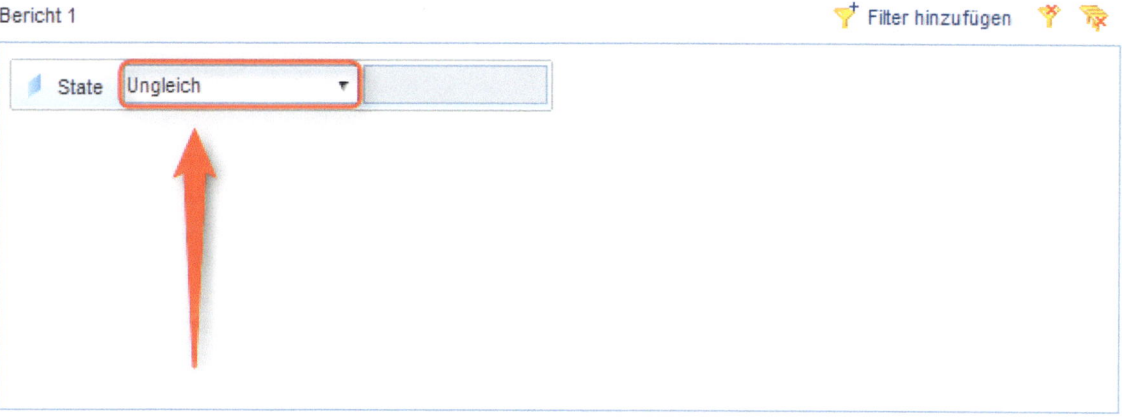

8) Identifizieren Sie „Massachusetts" als Wert für den Filter und ziehen Sie diesen Wert über die Pfeiltaste in den Bereich „Ausgewählte Werte".

9) Bestätigen Sie Ihre Eingabe durch Klicken auf „OK".

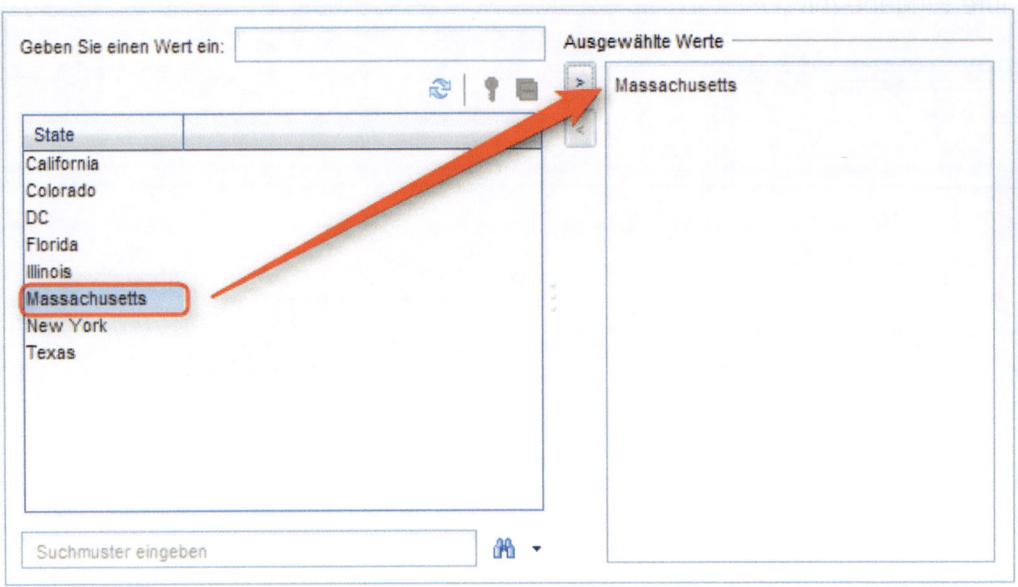

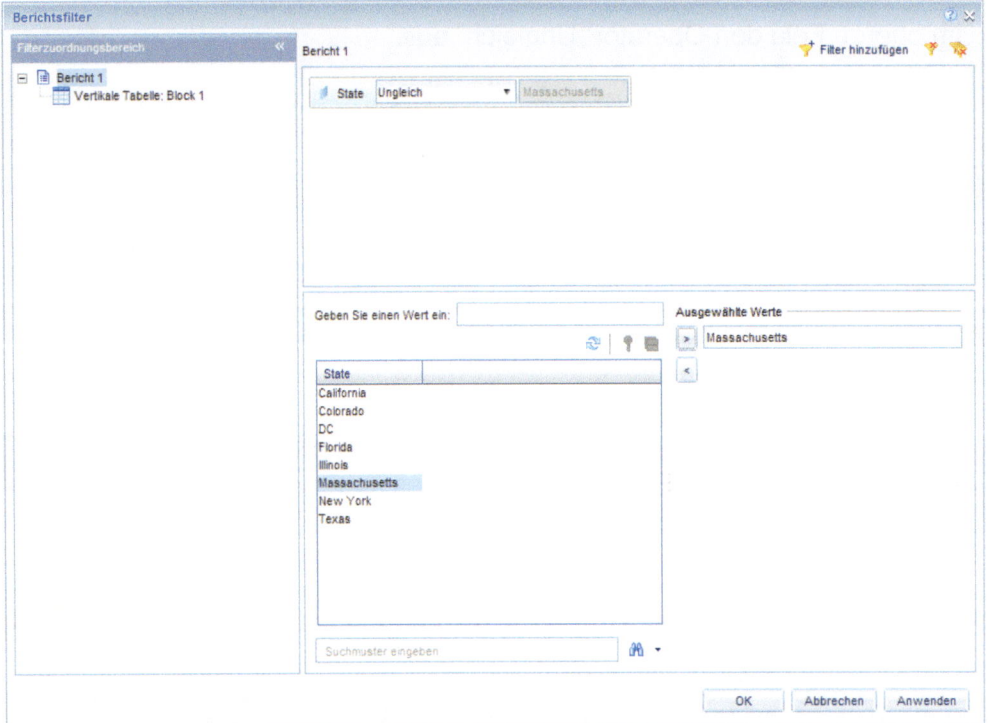

Somit verändert sich Ihre Tabelle wie folgt:

State	Sales revenue
California	$160,478
Colorado	$60,093
DC	$50,511
Florida	$50,743
Illinois	$97,866
New York	$215,715
Texas	$285,856

HINWEIS: Auch hier gelangen Sie per Rechtsklick an das gewünschte Ziel. Dafür einfach Rechtsklick beliebig in die Tabelle, „Filter" auswählen und „Filter hinzufügen" anklicken.

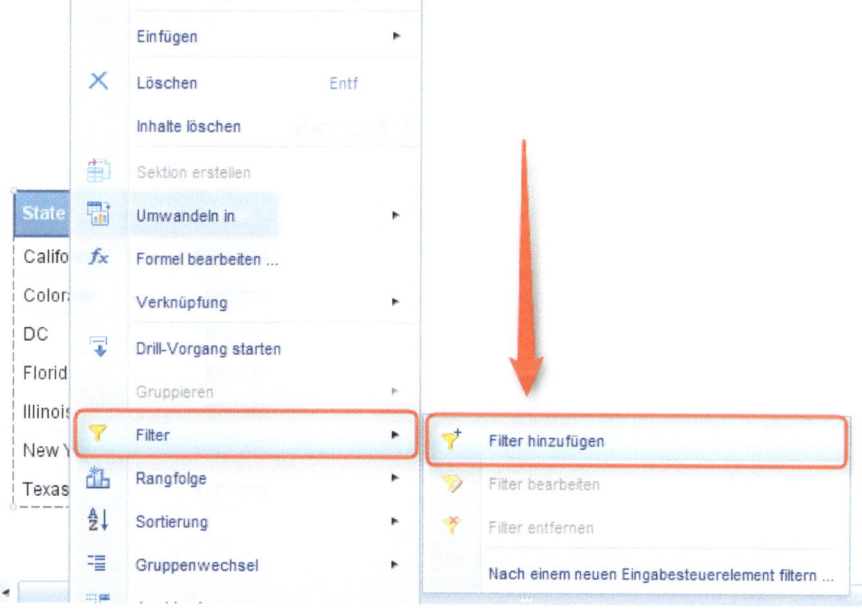

10) Speichern Sie den Bericht anschließend in Ihrem persönlichen Bereich („Meine Favoriten") unter dem Namen „Berichtsfilter".

5.2   Zusammenfassung

Der Filter auf Berichtsebene beeinflusst lediglich die im Bericht dargestellte und bei Berechnungen dort berücksichtigte Datenmenge. Da der Filtereinsatz nicht bei der Datenabfrage aus der Datenbank erfolgt, wird der Datenprovider nicht mehr nachträglich manipuliert, sondern es werden lediglich die anzuzeigenden Ergebnisse für das Element angepasst, auf dem der Filter definiert wurde.

Der Vorteil liegt bei der flexibleren Anzeige der Ergebnisse, denn nun können unterschiedliche Elemente (Berichtsreiter, Tabellen, Diagramme, etc.) auf Grundlage eines einheitlichen Datenproviders erzeugt werden.

Der Filter auf Berichtsebene ist jedoch kein Ersatz für den weiter oben dargestellten Abfragefilter. Daten, die Sie in keinem einzigen Berichtselement benötigen, sollten bereits dort aussortiert werden. Dies beschleunigt die Ausführung der Abfrage, die Übermittlung der Ergebnisse und die Kalkulation von Daten im Bericht.

6. Eingabesteuerelement

Ähnlich wie Berichtsfilter funktionieren Eingabesteuerelemente. Im Unterschied zu Berichtsfiltern sind sie jedoch weniger statisch, sondern darauf ausgelegt, dem Nutzer des Berichts interaktive Filtermöglichkeiten während der Ansicht des Berichts einzuräumen. Dies funktioniert – wie beim Berichtsfilter – natürlich wieder nur im Rahmen der vom Datenprovider zurückgelieferten Informationen.

6.1 Praktische Einführung

- Eingabesteuerelement

Aufgabenstellung

Sie möchten einen Bericht erstellen, der die Margen der einzelnen Produktlinien in Bezug auf die Geschäftsjahre ausweist. Zudem möchten Sie den Anwendern die Möglichkeit einräumen, sich die Jahre und die Produktlinien je nach Ansprüchen anzeigen zu lassen, ohne dabei den Datenprovider immer wieder aktualisieren zu müssen.

Dazu gehen Sie wie folgt vor:

- Aufrufen des Abfrageeditors

- Identifizierung der relevanten Objekte

- Ausführung der Datenabfrage

- Konfiguration und Einsatz des Eingabesteuerelements

- Wechsel in den Ansicht-Modus

Vorgehensweise

1) Rufen Sie den Abfrageeditor auf, indem Sie in der Navigationsleiste auf „Datenzugriff" und anschließend auf „Bearbeiten" klicken oder erstellen Sie einen neuen Bericht unter Verwendung des eFashion-Universums.

2) Identifizieren Sie nun die entsprechenden Objekte:

   - Klasse „Time Period":   Dimension „Year" (Jahreszahl)

   - Klasse „Product":   Dimension „Lines" (Produktlinie)

   - Klasse „Measures":   Kennzahl „Margin" (Gewinn)

   Ziehen Sie nacheinander die relevanten Elemente per Drag & Drop in den Bereich der „Ergebnisobjekte", um den Datenprovider zu definieren.

3) Führen Sie die Abfrage aus.

4) Klicken Sie beliebig in die Tabelle, um diese für das Eingabesteuerelement zu identifizieren.

5) Navigieren Sie über die Registerkarte „Analyse" zum Bereich „Filter" und klicken Sie auf „Eingabesteuerelemente".

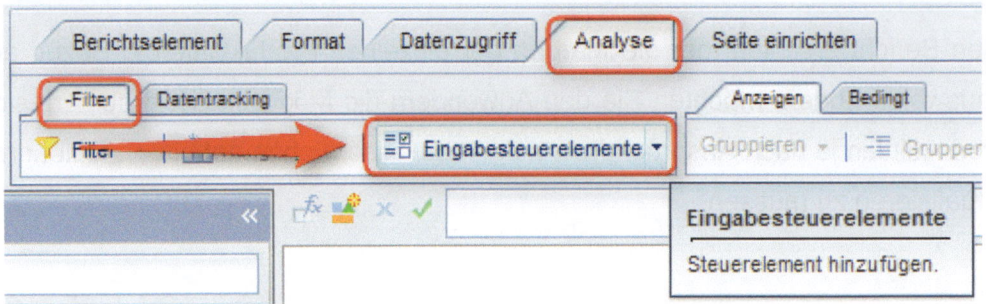

6) Wählen Sie im nächsten Dialogfenster „Year" aus und bestätigen Sie Ihre Auswahl durch Klicken auf „Weiter".

7) Wählen Sie nun als Steuerelementtyp „Kombinationsfeld" aus und bestätigen Sie ihre Auswahl durch klicken auf „Weiter".

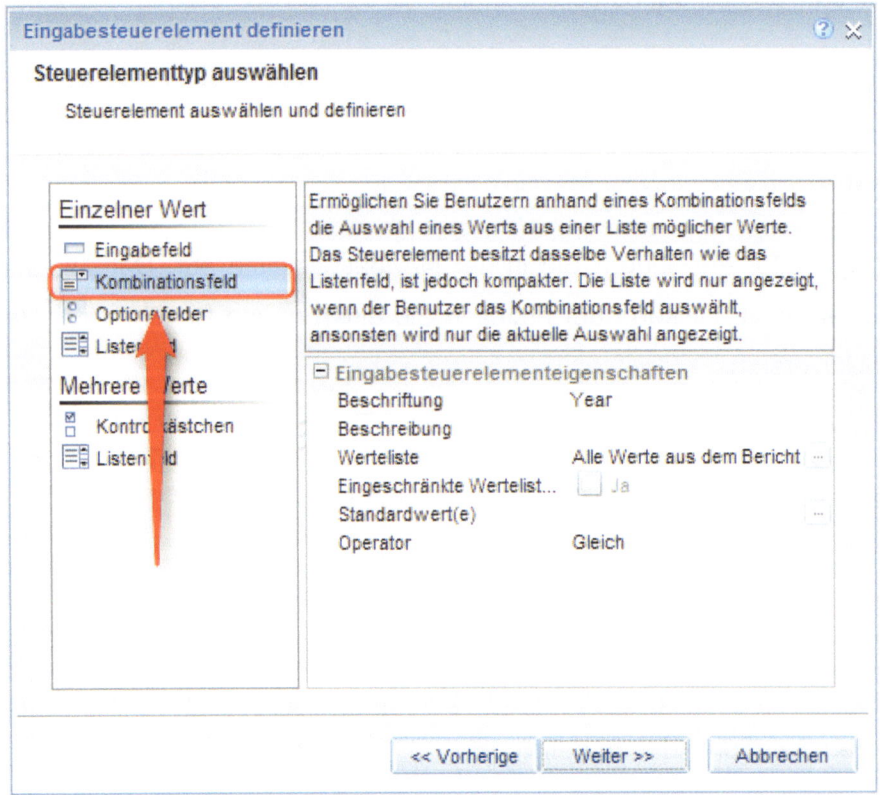

8)   Klicken Sie daraufhin auf „Beenden", um das Eingabesteuerelement in den Bericht einzupfle-
     gen.

9)   Fügen Sie als weiteres Eingabesteuerelement „Lines" ein.

10) Wählen Sie für die Dimension „Lines" bei der Auswahl des Steuerelementtyps „Kontrollkäst-
     chen aus und bestätigen Sie Ihre Eingabe durch klicken auf „Weiter".

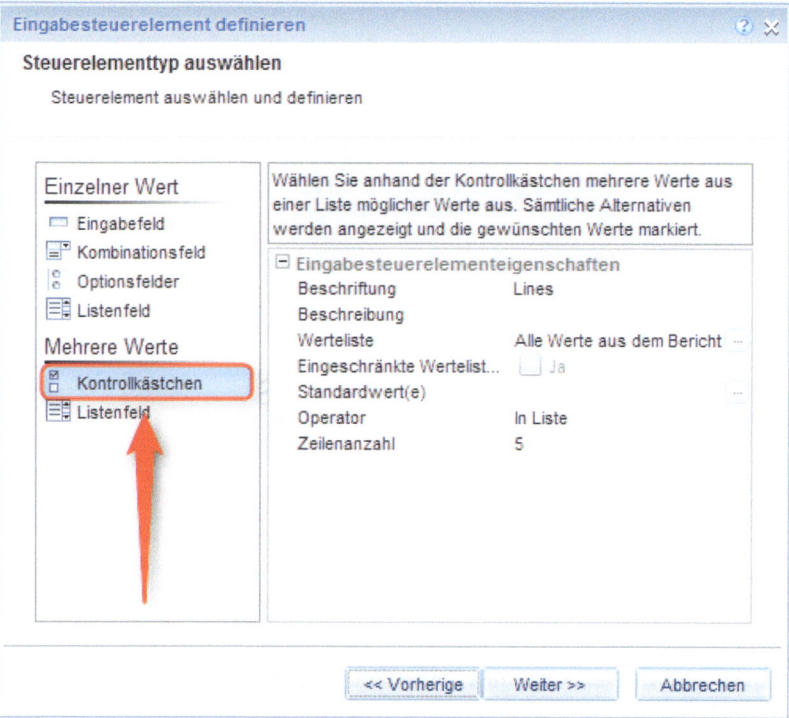

11) Bestätigen Sie Ihre Eingabe erneut, indem Sie in dem folgenden Dialogfenster auf „Beenden"
     klicken.

Wie die folgende Ansicht zeigt, können die Jahre nun aus einem Dropdown-Menü ausgewählt werden, wohingegen die Produktlinien, die angezeigt werden sollen, anhand von Häkchen bestimmt werden.

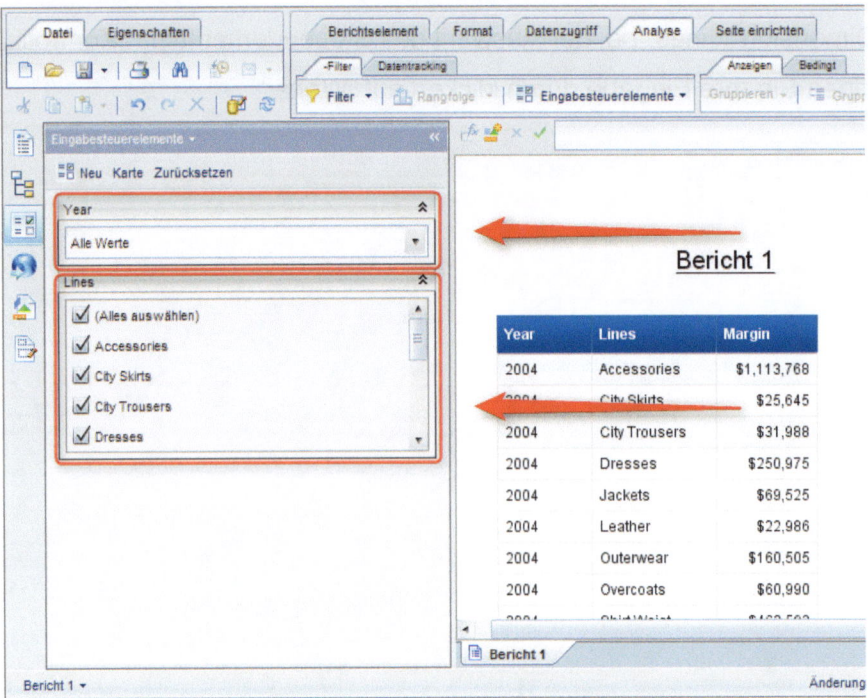

13) Wenn Sie einen Eindruck davon gewinnen möchten, wie der Endanwender Ihren Bericht sieht, klicken Sie auf die „Ansicht"-Schaltfläche, wie im folgenden Bild dargestellt.

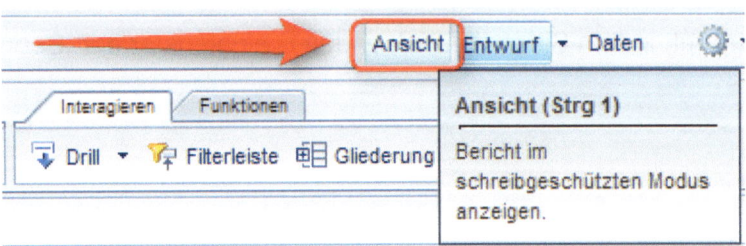

Anschließend erscheint folgende WebI-Oberfläche:

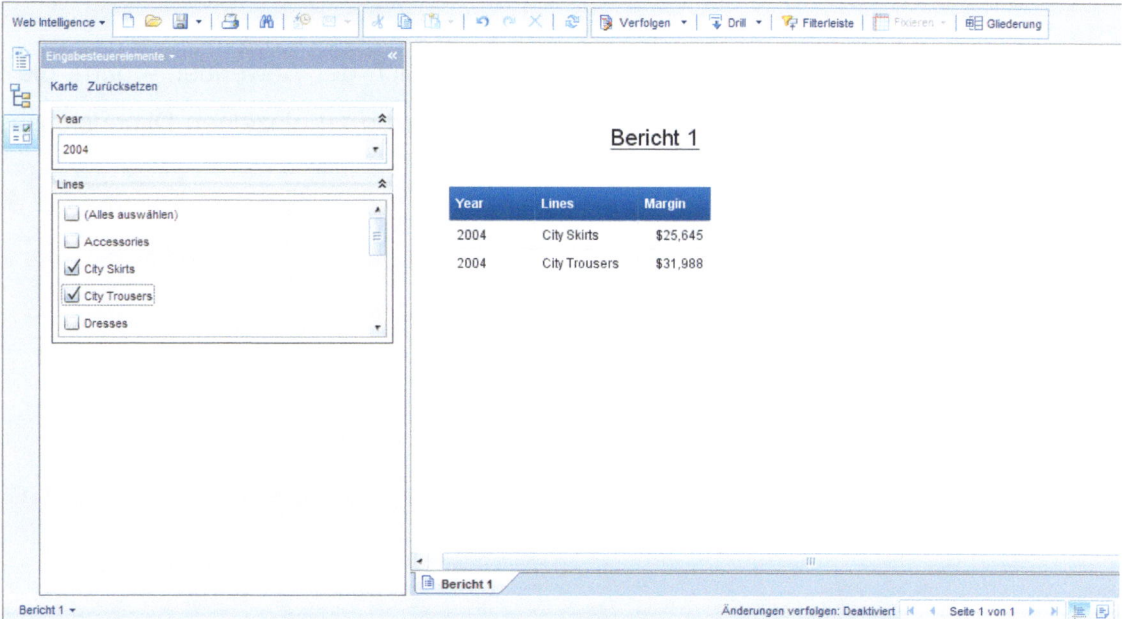

14) Speichern Sie den Bericht anschließend in Ihrem persönlichen Bereich („Meine Favoriten")
unter dem Namen „Eingabesteuerelement".

6.2 Zusammenfassung

Durch die Verwendung von Eingabesteuerelementen kann sich der Anwender – ohne die Daten jeweils neu von der Datenbank zu holen – dynamisch die Daten zu einzelnen Dimensionsausprägungen anzeigen lassen.

6.3   Vertiefendes Anwendungswissen

6.3.1   Eingabesteuerelement

Durch die entsprechende Auswahl des Steuerelementtyps können dem Anwender verschiedene Anzeigemöglichkeiten eingeräumt werden. Grundsätzlich wird zwischen der Anzeige einzelner Werte und der Möglichkeit mehrere Werte auszuweisen unterschieden.

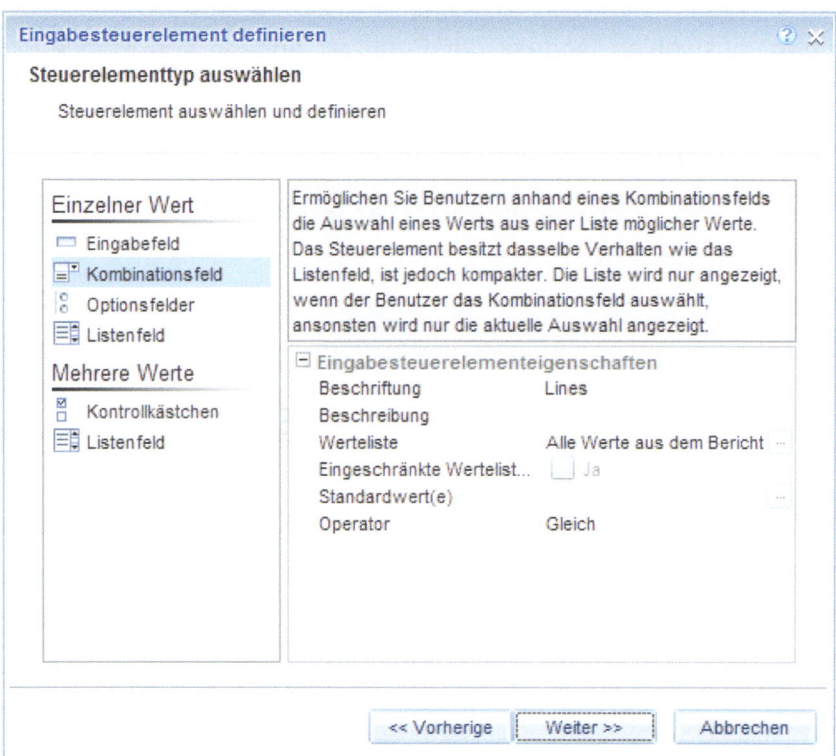

Einzelner Wert

Durch die Auswahl einer Option aus dem Bereich Einzelner Wert wird dem Anwender die Auswahl eingeräumt einen einzelnen Wert zu bestimmen, um diesen in dem Bericht anzeigen zu lassen. Mit der Option **„Eingabefeld"** wird der Anwender aufgefordert, einen bestimmten Wert frei einzugeben. Dies setzt voraus, dass dem Anwender der auszuwählende Wert und seine Schreibweise bekannt sind. Beim **„Kombinationsfeld"** kann der Anwender einen Wert aus einem Dropdown-Menü auswählen. Das **„Optionsfeld"** zeigt dem Benutzer gleich alle Optionen, aus denen er via sog. „Radio-Button" eine einzige auswählt. Ähnlich ist das **„Listenfeld"** aufgebaut, denn hierbei werden ebenfalls sämtliche verfügbaren Werte angezeigt, nur das der entscheidende Wert aus einer Liste determiniert wird.

Mehrere Werte

Mit Hilfe der Option „Mehrere Werte" kann der Anwender nicht nur zwischen mehreren unterschiedlichen Werten auswählen, sondern er kann auch tatsächlich mehrere Werte zugleich im Bericht anzeigen lassen. In diesem Fall kann der Entwickler zwischen zwei Gestaltungsmöglichkeiten entscheiden. Er kann **„Kontrollkästchen"** auswählen, sodass der Benutzer anhand von markierten Boxen entscheidet, welche Werte angezeigt werden sollen oder er kann die Bestimmung der anzuzeigenden Werte über ein **„Listenfeld"** ermöglichen, bei dem per gedrückter STRG-Taste mehrere Werte ausgewählt werden können.

7. Datenaufbereitung und Formatierung

Während wir uns bisher ausschließlich mit der Einschränkung von Daten beschäftigt haben, soll es nun um ihre graphische Aufbereitung gehen. Hierzu gibt es verschieden Formen, die je nach Analysezweck angewendet werden können. Tabellen und Diagramme bilden die beiden Darstellungsformen der Berichte. Eine Besonderheit bei den Diagrammen bilden die geographischen Visualisierungen, denen wir uns im Kapitel 7.1.4 zuwenden.

7.1 Praktische Einführung

- Tabelle

- Diagramm

- Tabelle/Diagramm hinzufügen

- Bedingte Formatierung (Alerter)

7.1.1 Tabelle

Eine Tabelle stellt die Werte eines Berichtes in geordneter Form dar.

Aufgabenstellung

Sie möchten die Umsatzzahlen Ihrer Modekette für die vergangenen Jahre und nach Staaten als Kreuztabelle anzeigen.

Dazu gehen Sie wie folgt vor:

- Aufrufen des Abfrageeditors

- Identifizierung der relevanten Objekte

- Datenabfrage ausführen

- Umwandlung des Berichtes in Kreuztabelle

- Formatierung der Überschriften der Kreuztabelle

Vorgehensweise

1) Rufen Sie den Abfrageeditor auf, indem Sie in der Navigationsleiste auf „Datenzugriff" und anschließend auf „Bearbeiten" klicken, oder erstellen Sie einen neuen Bericht unter Verwendung des eFashion-Universums.

2) Identifizieren Sie die entsprechenden Objekte

    - Klasse „Time Period":   „Year"

    - Klasse „Store":   „State"

    - Klasse „Measures":   „Sales revenue"

Ziehen Sie die relevanten Objekte per Drag & Drop in den Bereich der „Ergebnisobjekte".

3) Führen Sie die Abfrage aus. Ihr Ergebnis sollte wie folgt (nur mit mehr Zeilen) aussehen:

Year	State	Sales revenue
2004	California	$1,704,211
2004	Colorado	$448,302
2004	DC	$693,211
2004	Florida	$405,985
2004	Illinois	$738,224
2004	Massachuset	$238,819
2004	New York	$1,667,696
2004	Texas	$2,199,677
2005	California	$2,782,680
2005	Colorado	$768,390
2005	DC	$1,215,158

4) Klicken Sie in eine beliebige Stelle der Tabelle, um diese zu markieren.

5) Gehen Sie nun über die Registerkarte „Berichtselement" auf „Extras" und klicken Sie dort auf das kleine Dreieck rechts neben „Umwandeln in".

6) Daraufhin wählen Sie „Kreuztabelle" aus.

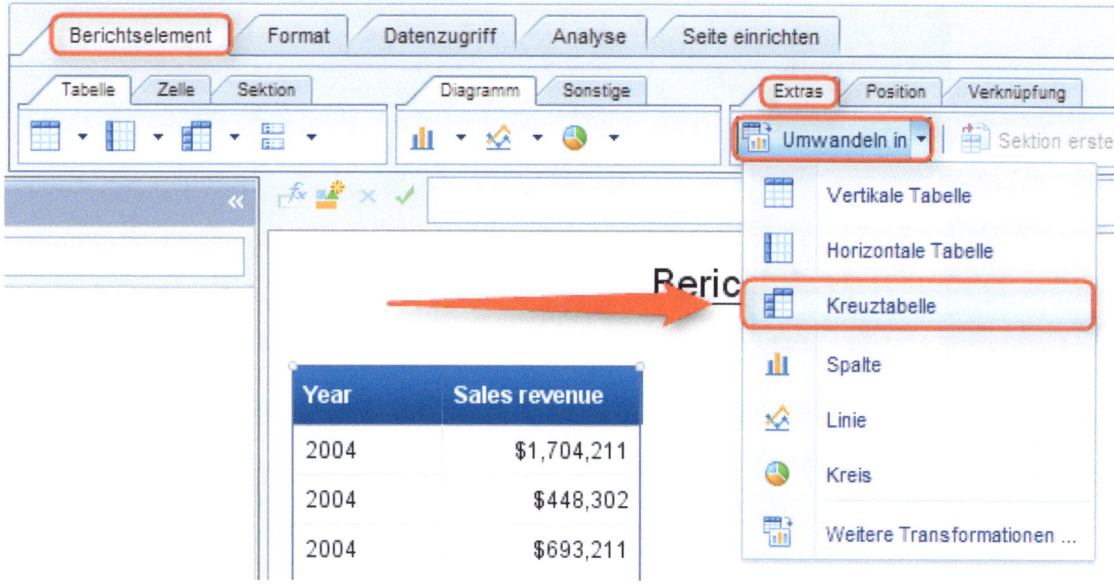

HINWEIS: Die Umwandlung des Berichtes in eine andere Darstellungsform kann auch per Rechtsklick erfolgen. Hierzu klicken Sie beliebig in der Tabelle die rechte Maustaste und wählen anschließend „Umwandeln in" aus. Daraufhin erhalten Sie die Gelegenheit zwischen unterschiedlichen Tabellenformen und Diagrammen auszuwählen.

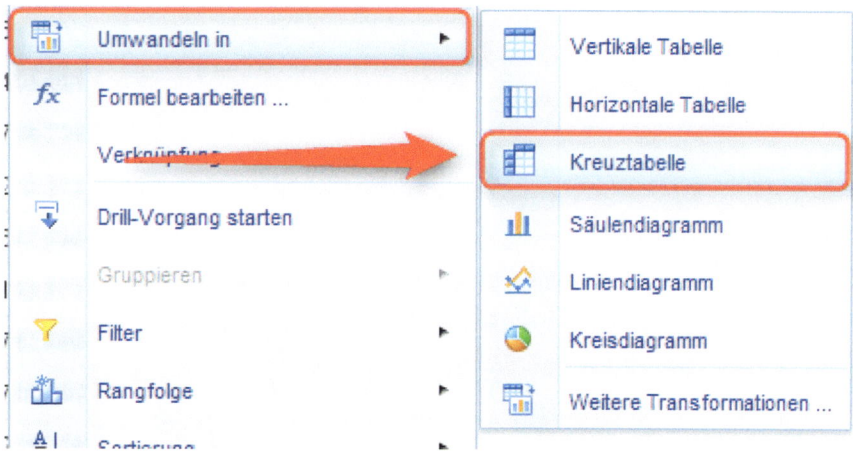

Somit erhalten Sie folgende Kreuztabelle:

	2004	2005	2006
California	$1,704,211	$2,782,680	$2,992,679
Colorado	$448,302	$768,390	$843,584
DC	$693,211	$1,215,158	$1,053,581
Florida	$405,985	$661,250	$811,924
Illinois	$738,224	$1,150,659	$1,134,085
Massachuse	$238,819	$157,719	$887,169
New York	$1,667,696	$2,763,503	$3,151,022
Texas	$2,199,677	$3,732,889	$4,185,098

7)   Klicken Sie nun in den Tabellenkopf.

8)   Gehen Sie anschließend über die Registerkarten „Format" und „Stil" und klicken Sie dann auf das kleine Dreieck am rechten Rand folgenden Symbols und wählen Sie die Farbe „Meergrün" aus.

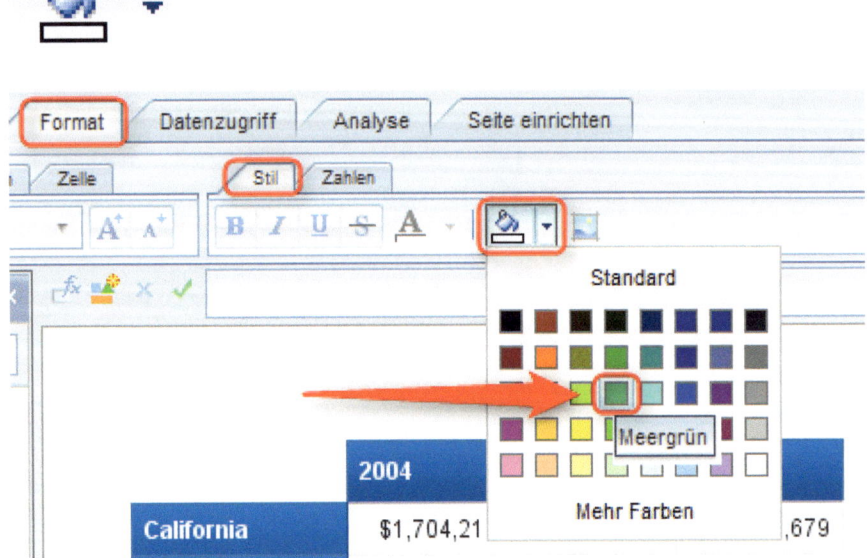

9)   Führen Sie den Schritt erneut für die linke Tabellenleiste aus, sodass Sie folgende Tabellen-
      ansicht erhalten:

	2004	2005	2006
California	$1,704,211	$2,782,680	$2,992,679
Colorado	$448,302	$768,390	$843,584
DC	$693,211	$1,215,158	$1,053,581
Florida	$405,985	$661,250	$811,924
Illinois	$738,224	$1,150,659	$1,134,085
Massachusetts	$238,819	$157,719	$887,169
New York	$1,667,696	$2,763,503	$3,151,022
Texas	$2,199,677	$3,732,889	$4,185,098

HINWEIS: Die Formatierung der Tabelle kann auch durch Rechtsklick erfolgen. Hierfür klicken Sie per Rechtsklick entweder in den Tabellenkopf oder in die linke Tabellenleiste und rufen Sie dann „Zelle formatieren…" auf. Dort finden Sie ebenfalls einige Gestaltungsmöglichkeiten. Klicken Sie nun auf „Aussehen", um die Farbe des identifizierten Bereiches zu konfigurieren. Hierzu klicken Sie bei Muster auf „kein" und

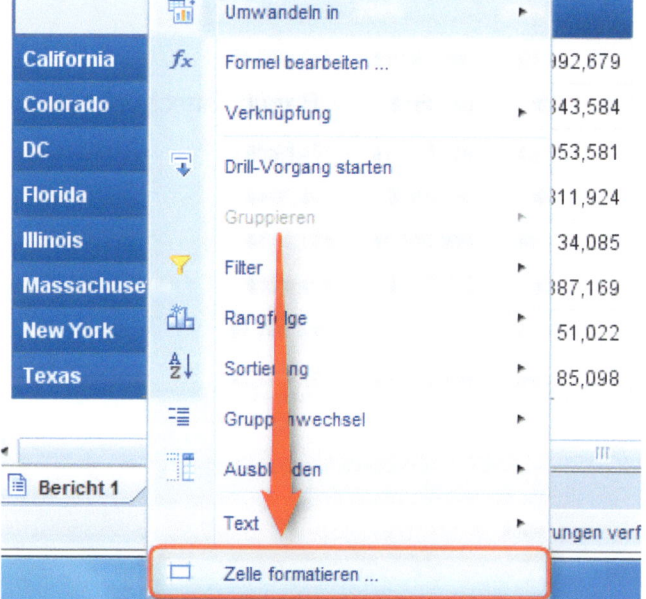

wählen anschließend die Farbe „Meergrün" aus. Daraufhin bestätigen Sie Ihre Eingabe mit klicken auf „OK".

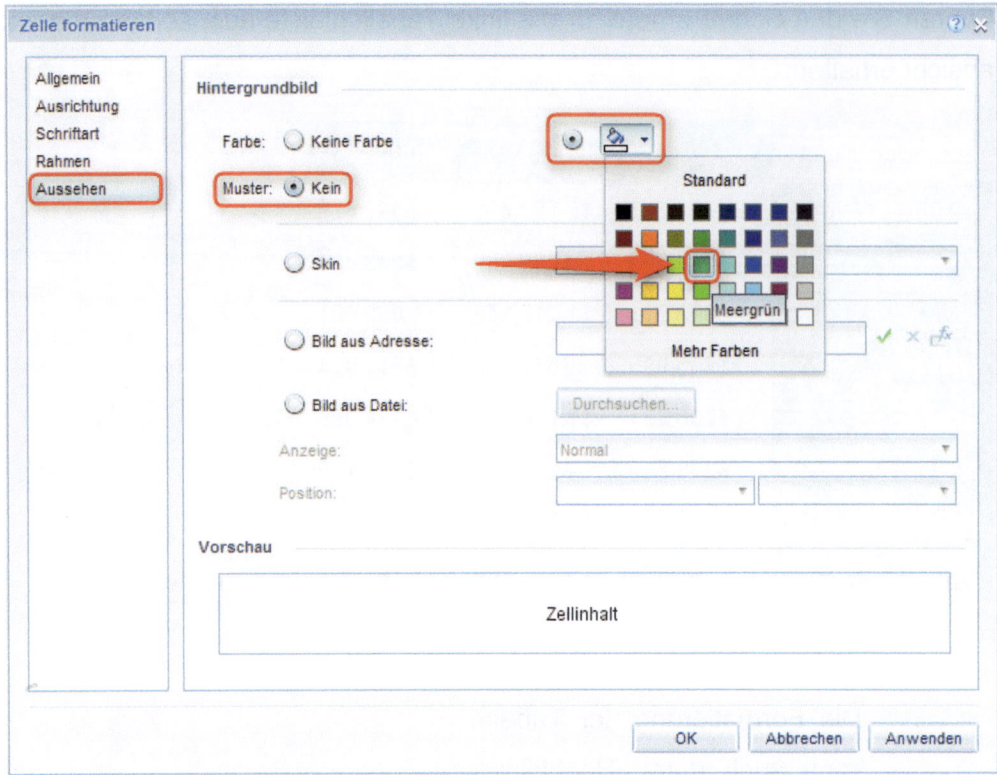

10) Speichern Sie den Bericht anschließend in Ihrem persönlichen Bereich („Meine Favoriten") unter dem Namen „Tabelle".

7.1.2 Diagramm

Ein Diagramm stellt die Werte eines Berichtes anhand einer Graphik dar.

Aufgabenstellung

Sie möchten die Ergebnisse der Kreuztabelle nun als Balkendiagramm anzeigen.

Dazu gehen Sie wie folgt vor:

- Öffnen des gespeicherten Berichts

- Umwandlung der vorhandenen Kreuztabelle in ein Balkendiagramm

- Formatierung der Balkenfarbe

Vorgehensweise

1) Öffnen Sie zunächst den Bericht „Tabelle" (Kapitel 7.1.1) und schaffen Sie somit die Grundlage für diese Klickanleitung.

2) Klicken Sie an den äußersten Rand der Kreuztabelle, sodass der Pfeil mit den vier Spitzen erscheint.

3) Über die Registerkarten „Berichtselement" und „Extras" gehen Sie auf „Umwandeln in" und klicken daraufhin auf „Weitere Transformationen…".

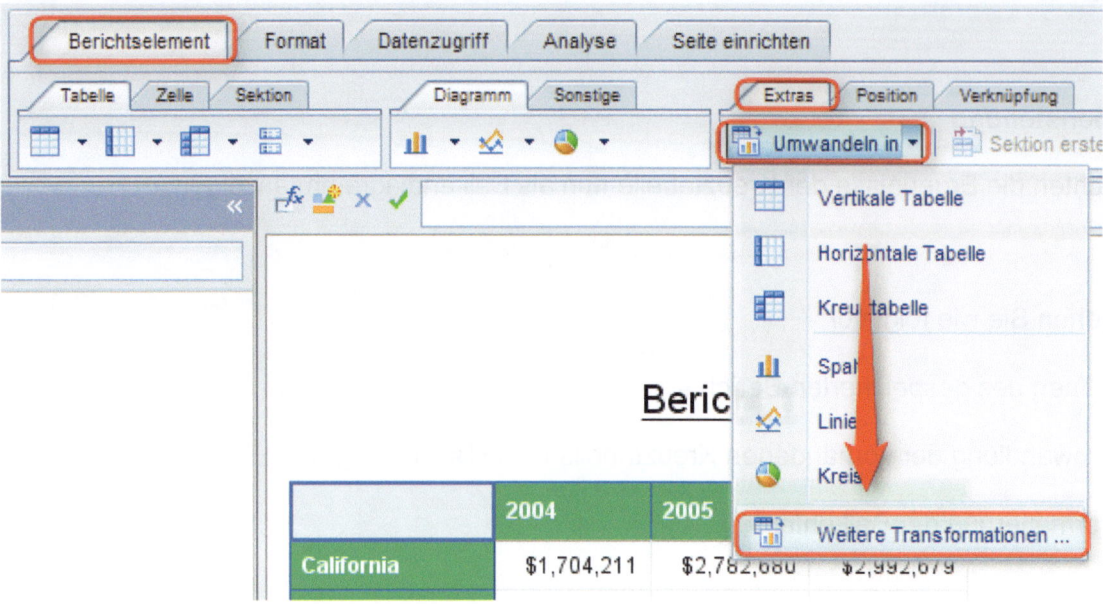

4) Wählen Sie nun „Balken" aus und definieren Sie anschließend die Achsen auf der rechten Seite des Fensters.

Als „Kategorieachse" legen Sie „State" und als „Regionsfarbe" „Year" fest.

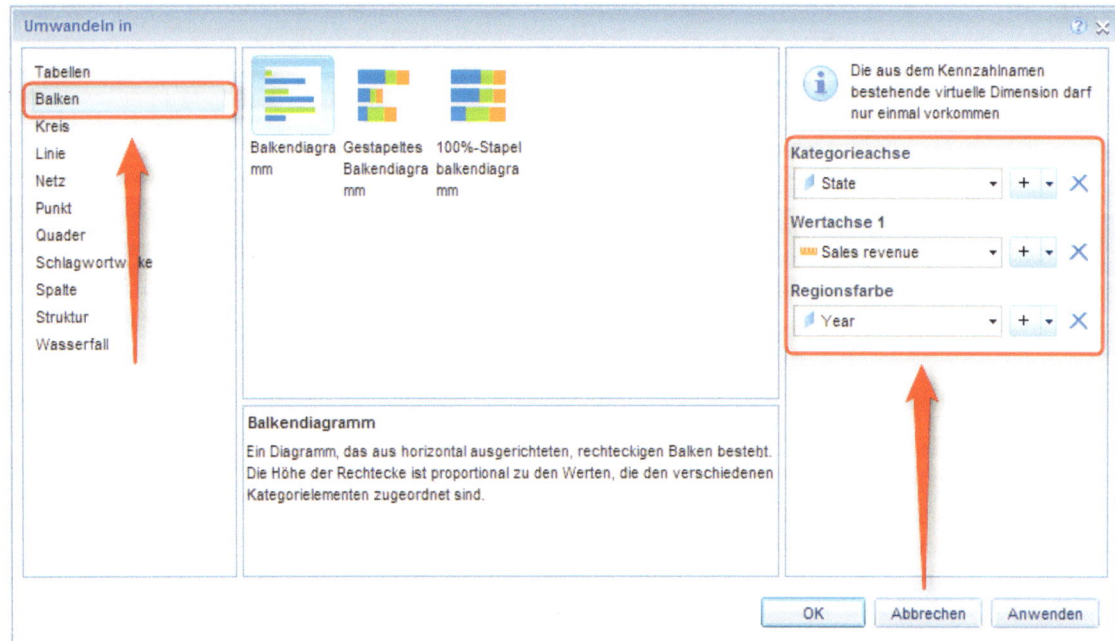

Sie erhalten folgendes Balkendiagramm:

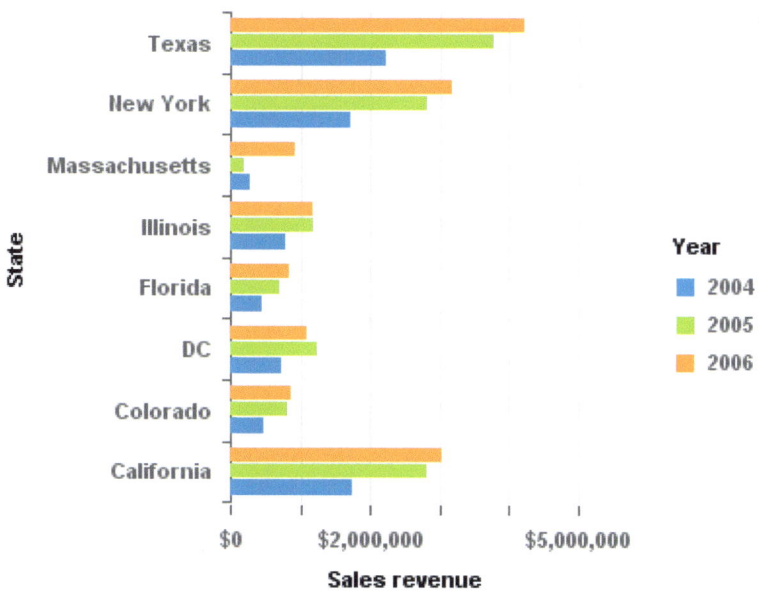

5) Klicken Sie erneut an den äußersten Rand des Balkendiagramms.

6) Über die Registerkarte „Format" gelangen Sie zu dem Bereich „Diagrammstil". Wählen Sie dort die Farbpallette „Grün" aus.

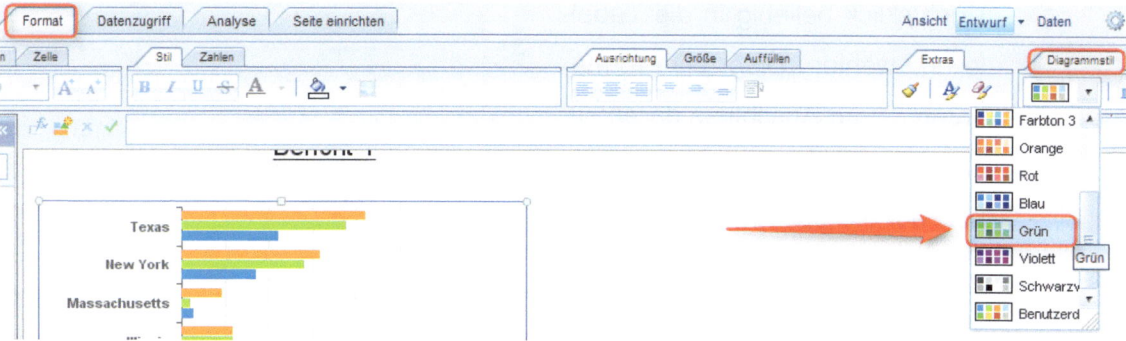

Daraufhin sollten Sie nun folgendes Balkendiagramm vorliegen haben:

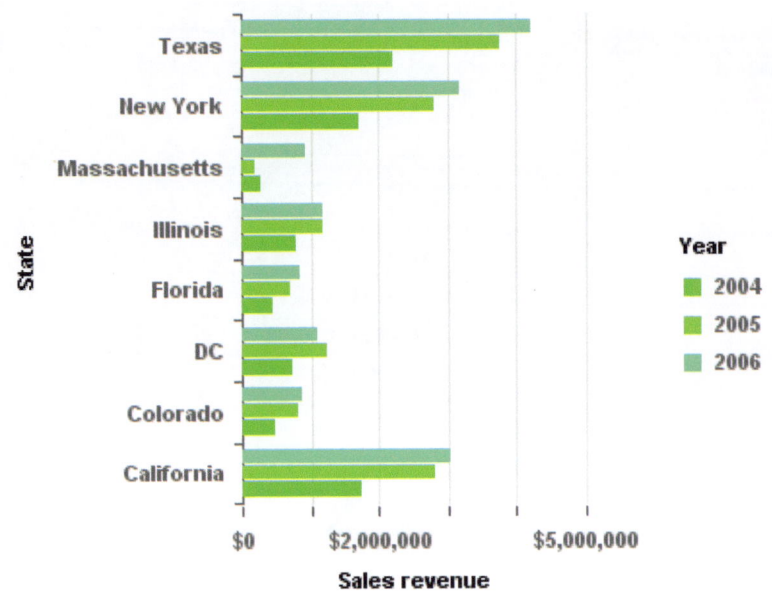

HINWEIS: Die Formatierung des Diagramms kann, wie bei der Tabelle, ebenfalls per Kontextmenü konfiguriert werden. Hierzu klicken Sie per Rechtsklick beliebig in die Tabelle und wählen „Diagramm formatieren…". Im Anschluss daran klicken Sie unter der Rubrik „Global" auf die dazugehörigen Kategorie „Palette und Stil", um anschließend unter „Farbpalette" das Farbenspektrum „Grün" auszuwählen. Schließlich bestätigen Sie Ihre Auswahl durch Klicken auf „OK".

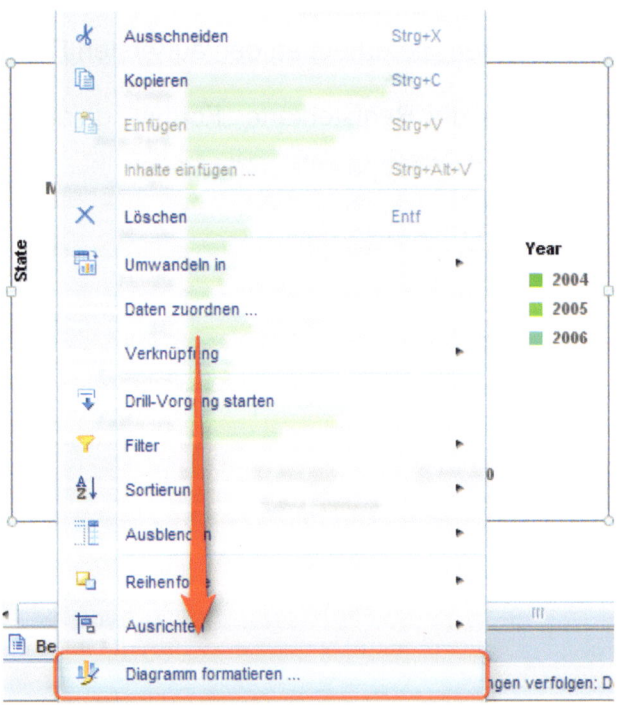

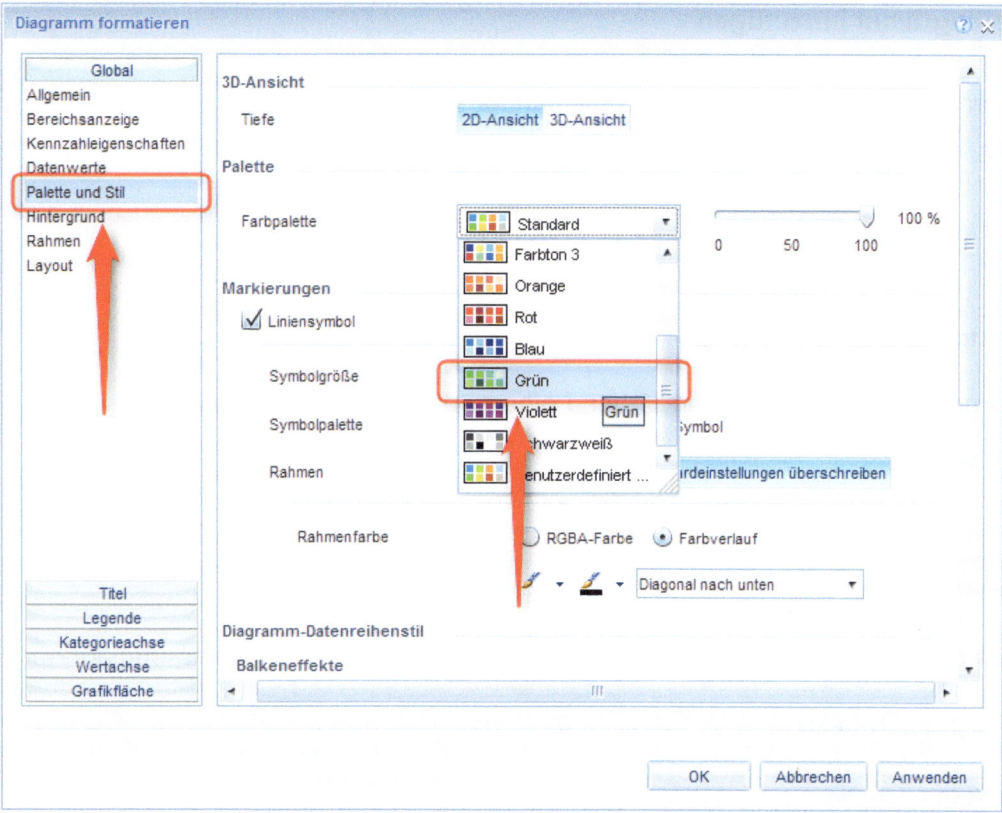

7)   Speichern Sie den Bericht anschließend in Ihrem persönlichen Bereich („Meine Favoriten")
unter dem Namen „Diagramm".

7.1.3 Tabelle/Diagramm hinzufügen

Die Darstellungsmöglichkeiten können auch miteinander kombiniert werden, sodass der Anwender die Möglichkeit hat, sowohl die Ergebnisse in Tabellenform, als auch parallel dazu in einer Graphik darzustellen.

Aufgabenstellung

Parallel zu Ihrer graphischen Darstellung anhand eines Balkendiagramms, möchten Sie die Resultate auch als vertikale Tabelle visualisieren.

Dazu gehen Sie wie folgt vor:

- Hinzufügen einer zusätzlichen vertikalen Tabelle zu dem vorhandenen Balkendiagramm

- Formatierung der Tabelle

- Ausrichtung der Tabelle

Vorgehensweise

1) Fügen Sie in dem Bericht „Diagramm" (Kapitel 7.1.2) eine Tabelle hinzu, indem Sie über die Navigationsleiste über die Registerkarten „Berichtselement und „Tabelle" den Button „vertikale Tabelle einfügen" aufrufen.

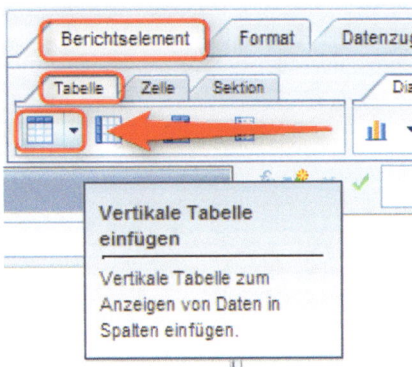

2) Klicken Sie nun mit dem Cursor auf eine beliebig freie Stelle in dem Bericht.

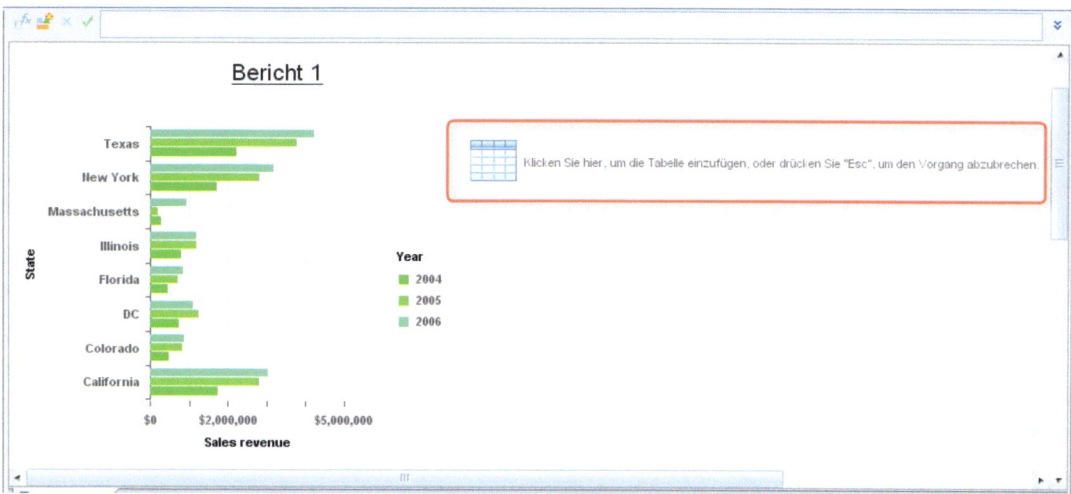

HINWEIS: Eine zusätzliche Tabelle und/oder Diagramm können Sie auch hinzufügen, indem in eine freie Stelle des Berichtes per Rechtsklick auf „Einfügen" klicken und anschließend eines der vielen Darstellungsmöglichkeiten auswählen.

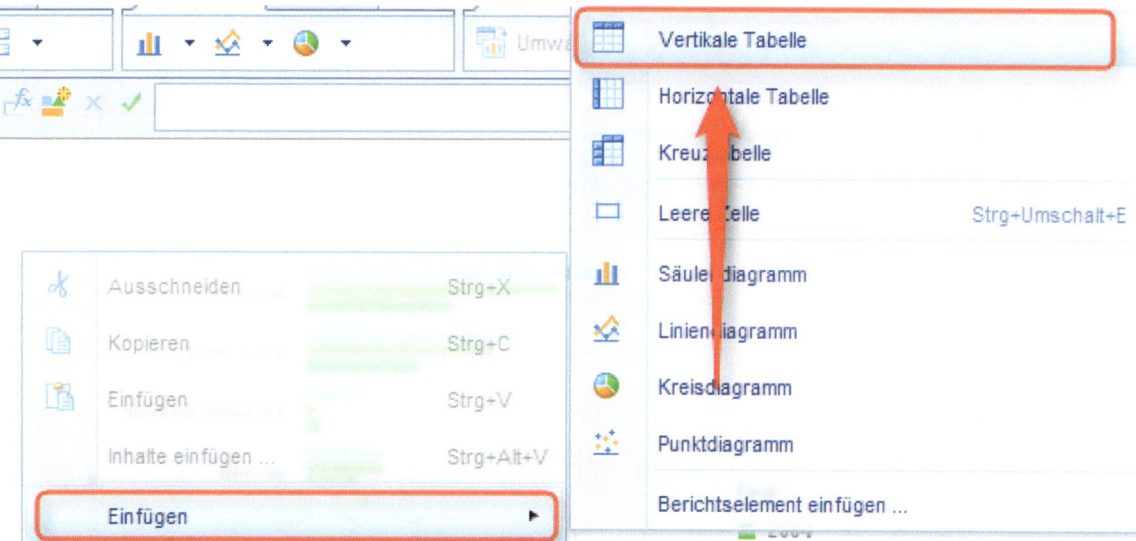

3) Ziehen Sie nun per Drag & Drop die relevanten Objekte in das Tabellenformat.

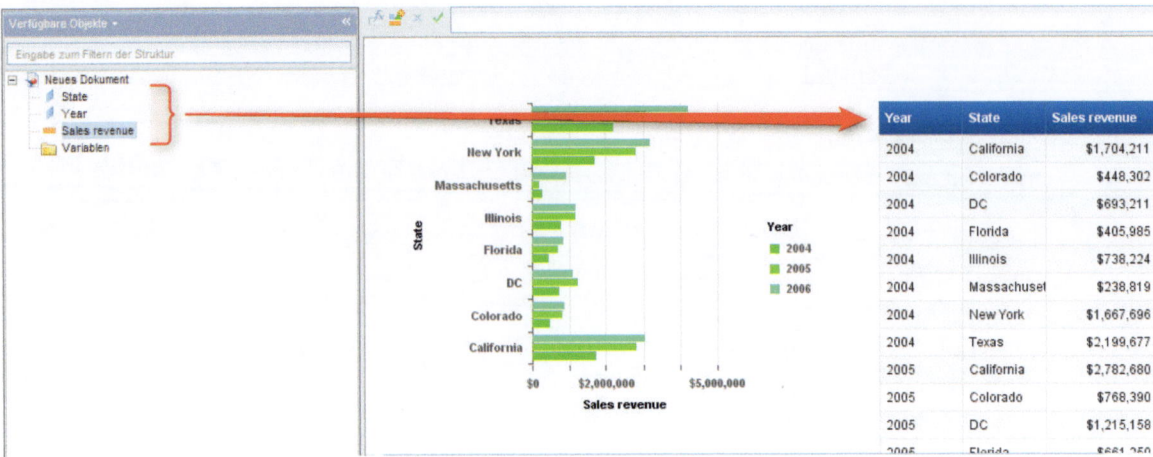

4) Richten Sie die Tabelle in Relation zu den vorhandenen Berichtelementen aus, sodass sich beide Berichte auf derselben Höhe befinden. Bewegen Sie hierzu den Cursor an den äußersten Rand der Tabelle, bis der Pfeil mit den vier Spitzen erscheint. Klicken Sie nun über die Registerkarte „Berichtselement" und „Position" auf „Ausrichten". Bei dem Dropdown Menu wählen Sie „Relative Position" aus, um die Tabelle an die anderen Berichtselemente anzupassen.

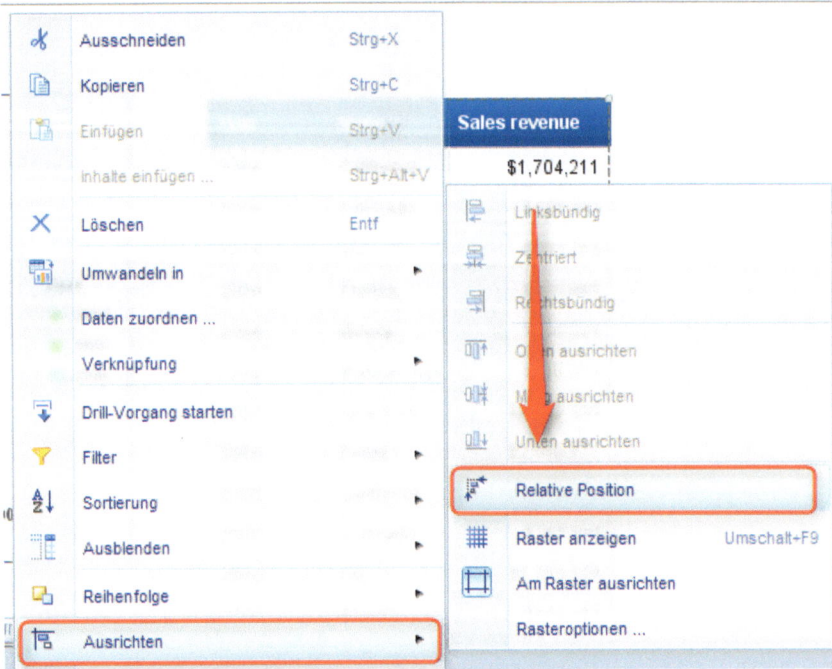

5) Richten Sie die Tabelle in Abhängigkeit der Graphik aus. Hierzu bestimmen Sie 4 cm vom rechten Rand von Block 1 (das ist das Diagramm), sowie 0 cm vom oberen Rand von Block 1. Bestätigen Sie Ihre Eingabe durch Klicken auf „OK".

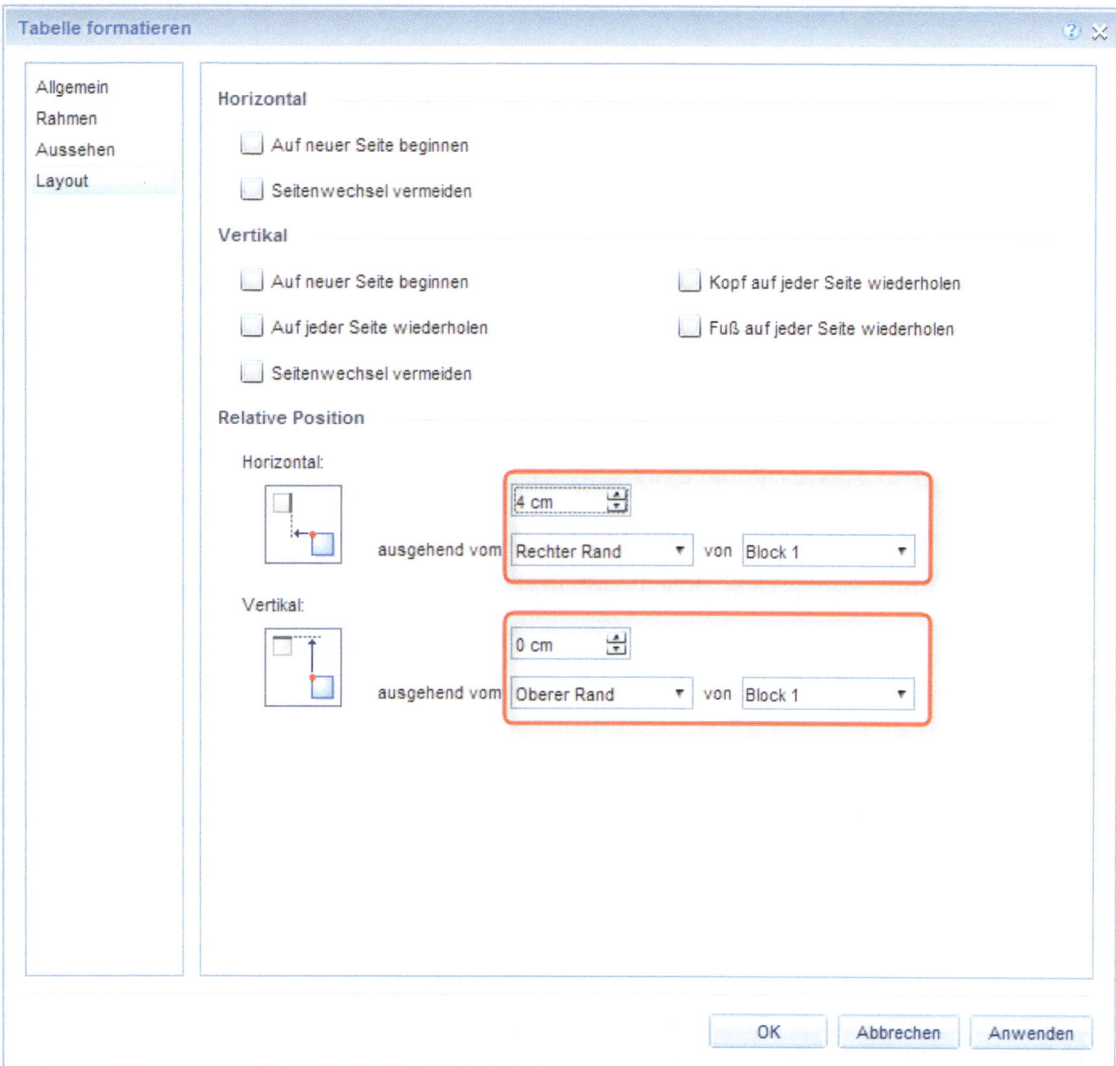

Dementsprechend sollte Ihr Bericht jetzt beide Darstellungsmöglichkeiten desselben Datensatzes anzeigen und die Tabelle sollte 4 cm weiter rechts stehen als Ihr Diagramm.

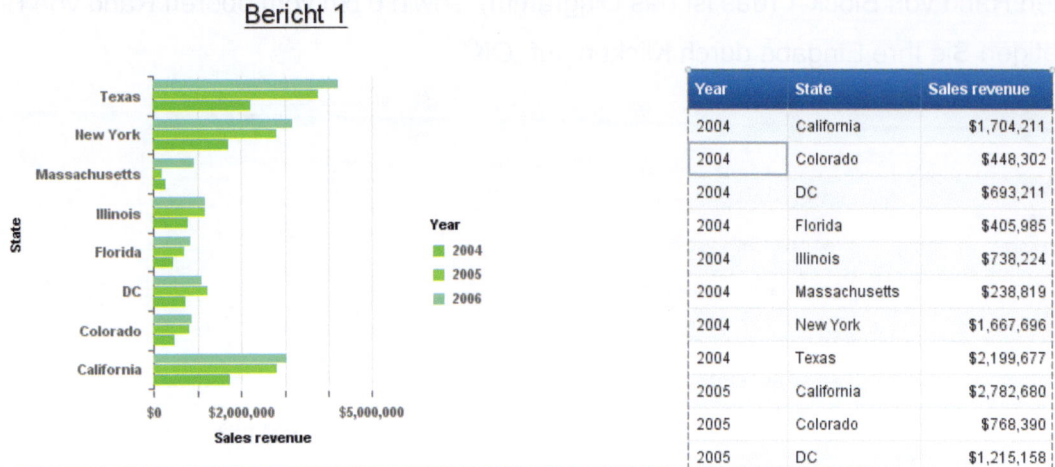

HINWEIS: Um eine zusätzliche Tabelle bzw. ein Diagramm hinzuzufügen, haben Sie auch die Möglichkeit die bestehende Tabelle/Diagramm zu kopieren und einzufügen. Entweder über Rechtsklick „Kopieren" und „Einfügen" oder über die Tastenkombination „STRG + C" und „STRG + V". Da Sie nun ein exaktes Duplikat erstellt haben, müssen Sie diese Kopie noch in eine beliebige Darstellungsmöglichkeit umwandeln, um zwei unterschiedliche Ansichten parallel zueinander zu erzeugen.

6) Speichern Sie den Bericht anschließend in Ihrem persönlichen Bereich („Meine Favoriten") unter dem Namen „Tabelle/Diagramm".

7.1.4 Geographische Visualisierungen

Geographische Visualisierungen sind eine Sonderform von Diagrammen. Das liegt daran, dass man Web Intelligence zur geographischen Visualisierung nicht einfach Dimensionen und Kennzahlen übergeben kann, sondern dem Programm zunächst erläutern muss, um welche geographische Einheit es sich bei einer Dimension handelt.

Aufgabenstellung

Sie wollen die Umsätze je Bundesstaat auf einer Landkarte nach ihrer Höhe farblich hervoheben.

Dazu gehen Sie wie folgt vor:

- Erstellen einer Abfrage, welche die Umsatzdaten und die Bundesstaaten beinhaltet

- Definition der Bundesstaaten als geographische Größe

- Einfügung des Kartenelements

- Zuordnung der (geographischen) Dimension und der Kennzahl zum Kartenelement

Vorgehensweise

1) Erstellen Sie einen neuen Bericht auf Basis des eFashion-Universums.

2) Wählen Sie die folgenden Objekte als Ergebnisobjekte:

  - Klasse „Store":   Dimension „State" (Bundesstaat)

  - Klasse „Measures":   Kennzahl „Sales Revenue" (Umsatz)

  Ziehen Sie nacheinander die relevanten Elemente per Drag & Drop in den Bereich der „Ergebnisobjekte", um den Datenprovider zu bestimmen und führen die Abfrage aus.

3) Wenn die Abfrage ausgeführt wurde und die Anzeige in die Berichtsebene gewechselt hat, klicken Sie mit der rechten Maustaste auf das Objekt „State" in den verfügbaren Objekten, wählen dort „Als Geographie bearbeiten" und dann „Nach Namen":

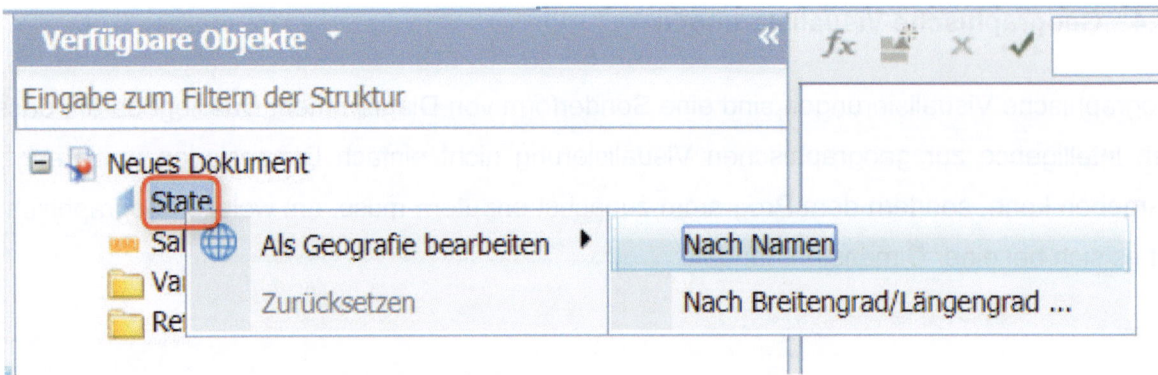

4)   Es erscheint nur der folgende Dialog:

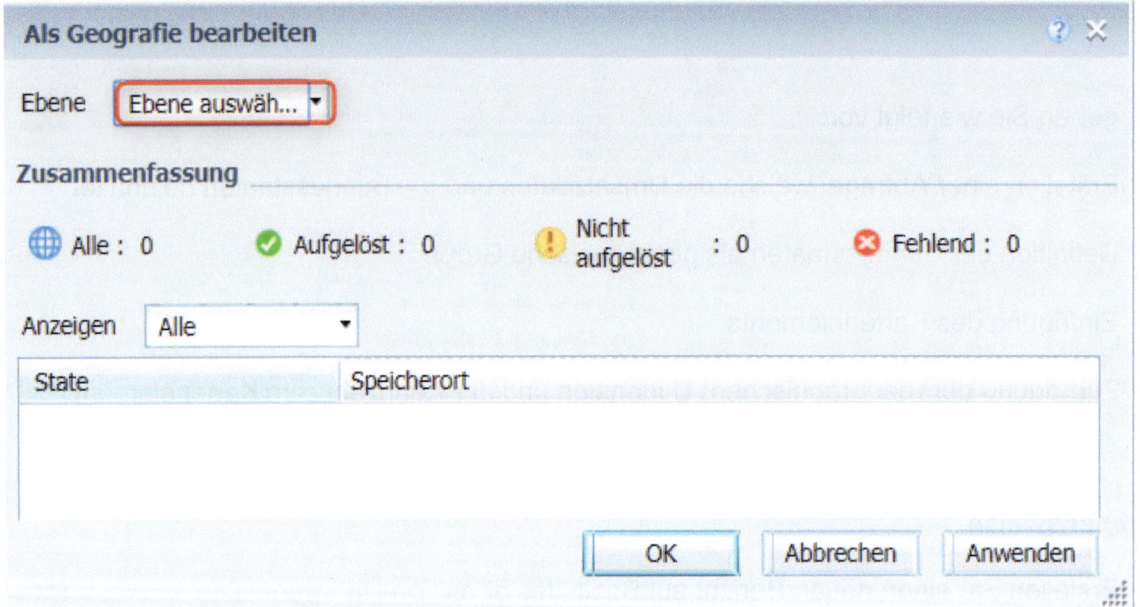

Wählen Sie die Ebene „Region", da dies das Niveau ist, auf dem Bundesstaaten zugeordnet werden müssen.

5)   Unmittelbar danach führt Web Intelligence die Zuordnung wie folgt durch:

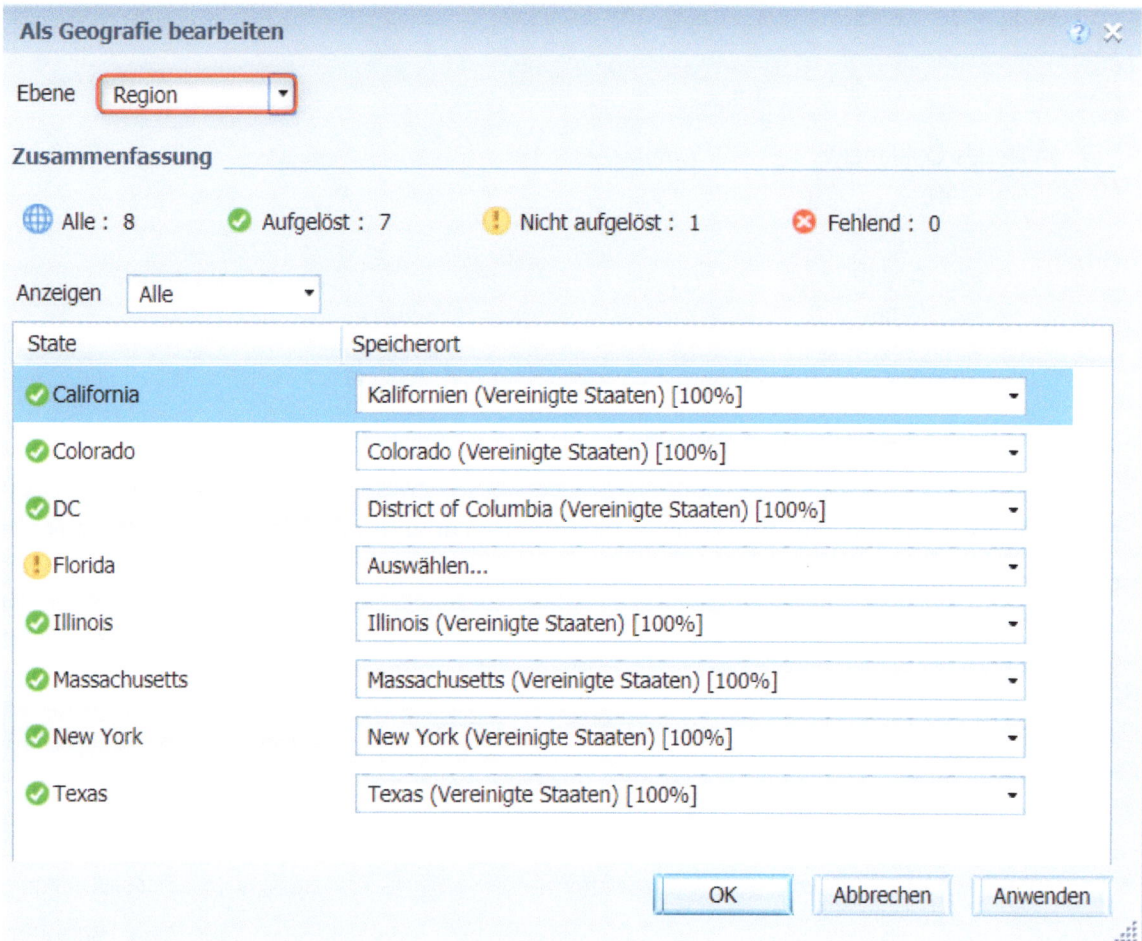

Das bedeutet, dass WebI die Namen aus der Dimension „State" in fast allen Fällen eindeutig einer im System hinterlegten Region zuordnen kann.

6)   Die einzige Ausnahme ist Florida. Klicken Sie also auf das Feld „Auswählen…" neben Florida.

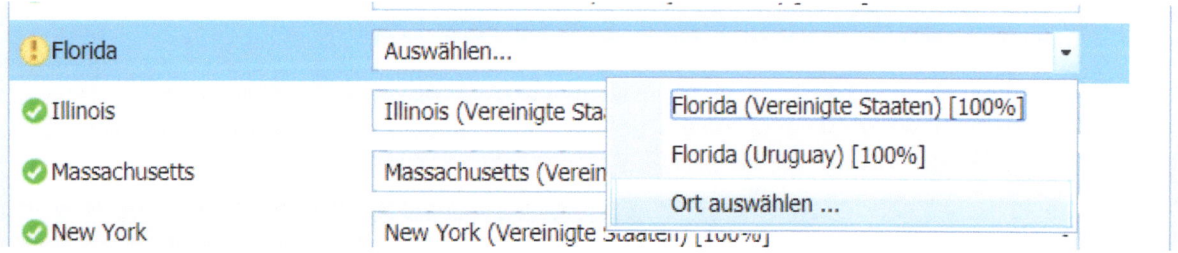

Wählen Sie hier „Florida (Vereinigte Staaten) [100%]", um es dem richtigen Bundesstaat zu-zuordnen und anschließend auf „OK", um den Dialog zu schließen.

Das Aussehen des State-Objekts in den verfügbaren Objekten hat sich nun wie folgt geändert:

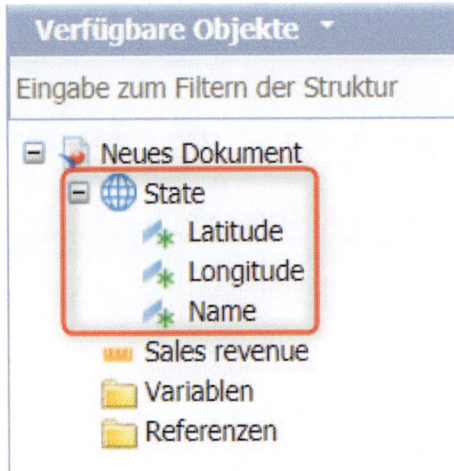

7) Nun fügen wir (neben die automatisch eingefügte Tabelle mit „States" und „Sales Revenue")
das Kartenelement ein:

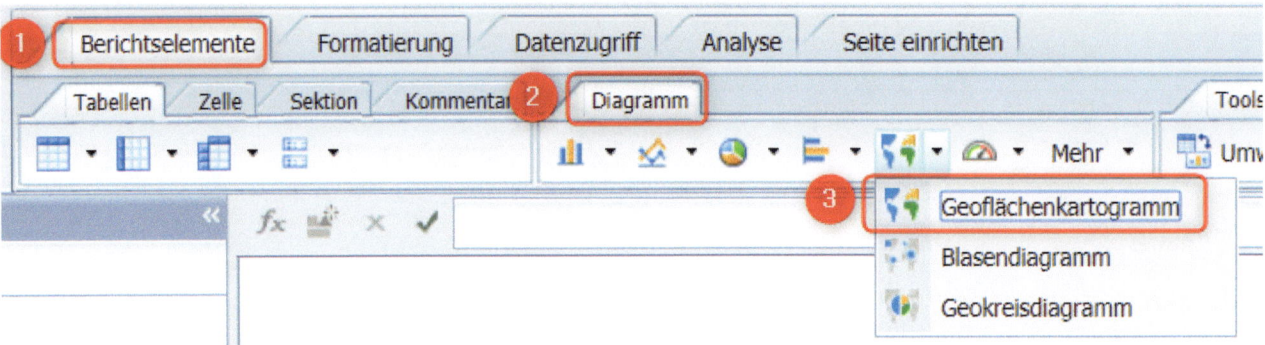

Nach Auswahl des Geoflächenkartogramms bewegen wir den Mauszeiger dorthin, wo wir es
ablegen wollen. Dort sollte dann folgendes Bild erscheinen:

8) Nun müssen wir nur noch den „State" und den „Sales Revenue" links von den verfügbaren
    Objekten auf dem Bild ablegen, um die gewünschte Visualisierung zu erhalten:

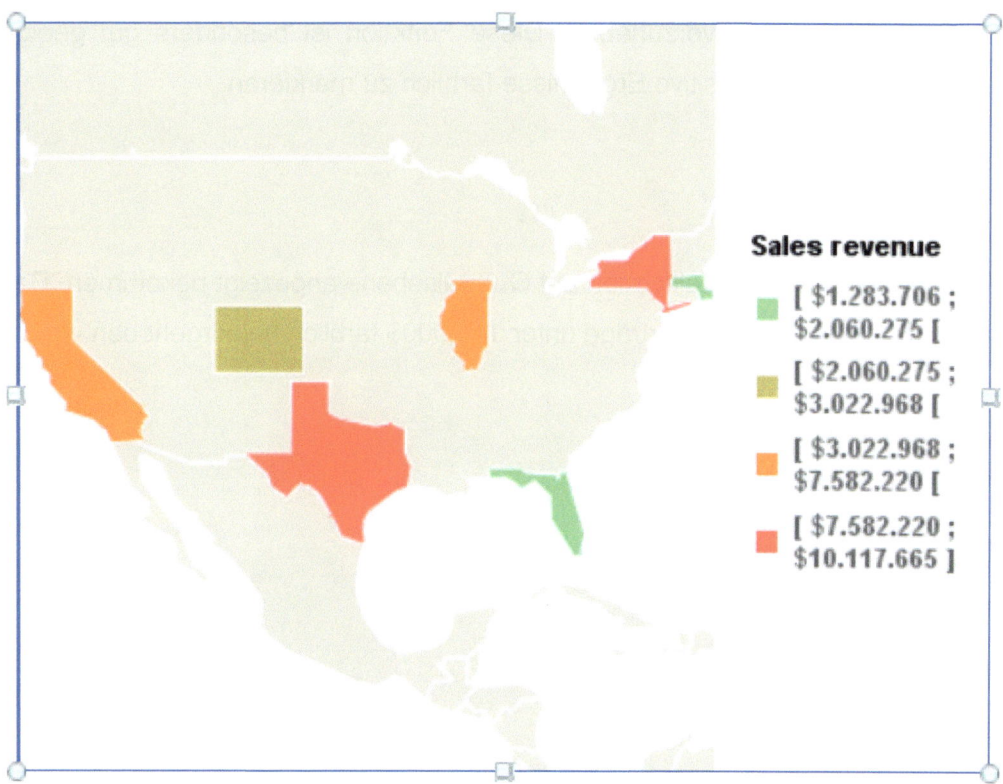

Das Zoomlevel nimmt dabei automatisch die für die enthaltenen geographischen Elemente
(hier: amerikanische Bundesstaaten) richtige Größe an.

9) Speichern Sie den Bericht anschließend in Ihrem persönlichen Bereich („Meine Favoriten")
    unter dem Namen „Geographische Darstellung".

7.1.5 Bedingte Formatierung (Alerter)

Beim „Alerter" handelt es sich um bedingte Formatierungen, die genutzt werden können, um bestimmte Werte bzw. Ergebnisse hervorzuheben. Diese Funktion ist besonders gut geeignet um Warnungen zu erzeugen und/oder positive Ergebnisse farblich zu markieren.

Aufgabenstellung

Sie wollen die Gewinne der Städte in Kalifornien auf Quartalsebene angezeigt bekommen. Dabei sollen alle Erträge über 150.000$ sowie alle Erträge unter 120.000$ farblich hervorgehoben werden.

Dazu gehen Sie wie folgt vor:

- Abrufen des Dateneditors

- Festlegung des Datenproviders

- Definieren der bedingten Formatierung

- Anwendung der bedingten Formatierung

Vorgehensweise

1) Erstellen Sie einen neuen Bericht auf Basis des eFashion-Universums.

2) Wählen Sie die folgenden Objekte als Ergebnisobjekte:

  - Klasse „Time Period":   Dimension „Quarter" (Quartal)

  - Klasse „Store":   Dimension „City" (Stadt)

  - Klasse „Measures":   Kennzahl „Margin" (Gewinn)

  Ziehen Sie nacheinander die relevanten Elemente per Drag & Drop in den Bereich der „Ergebnisobjekte", um den Datenprovider zu bestimmen.

3) Wählen Sie diese Objekte als Abfragefilter:

  - Klasse „Store":   Dimension „State" (Staat)

  - Klasse „Time Period":   Dimension „Year" (Jahreszahl)

Ziehen Sie die Elemente per Drag & Drop in den Bereich „Abfragefilter", um den Datenprovider einzuschränken.

4) Der Abfragefilter für „State" soll auf „California" einschränken, der für „Year" auf „2006". Ihre Abfrage sollte nun wie folgt aussehen:

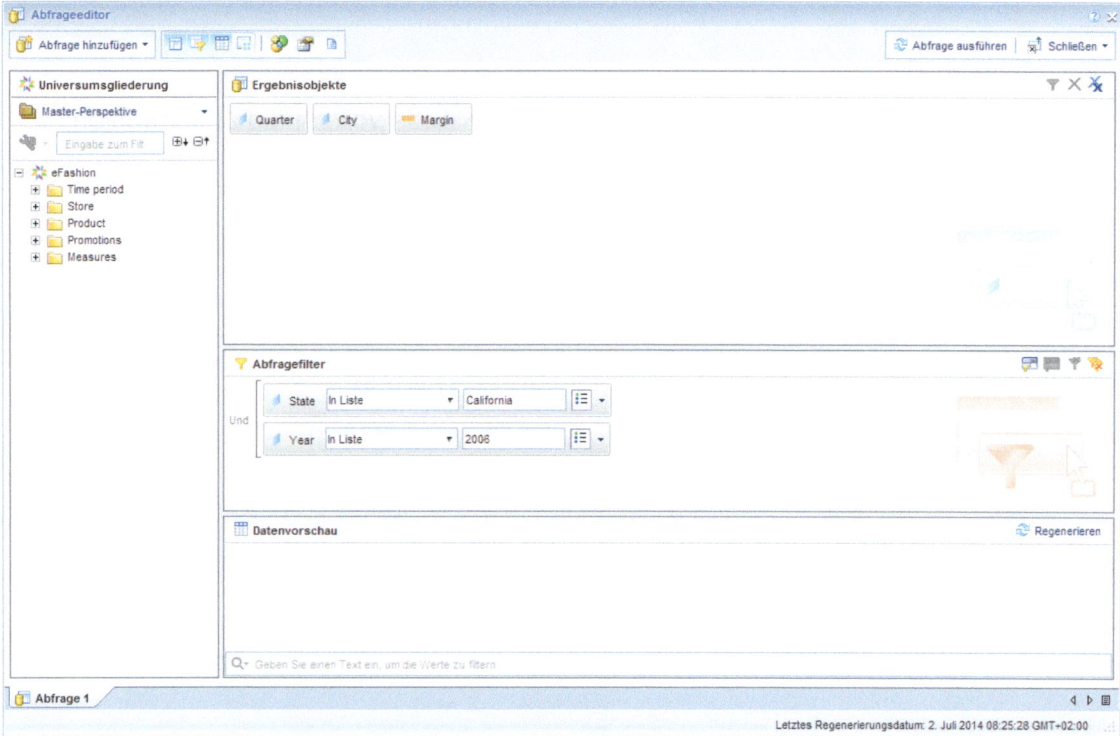

5) Klicken Sie auf „Abfrage ausführen", um folgendes Bild zu erhalten:

Quarter	City	Margin
Q1	Los Angeles	$161,674
Q1	San Francisco	$113,830
Q2	Los Angeles	$171,281
Q2	San Francisco	$148,347
Q3	Los Angeles	$140,154
Q3	San Francisco	$115,532
Q4	Los Angeles	$146,259
Q4	San Francisco	$124,412

HINWEIS: Sollte die Reihenfolge Ihrer Spalten nicht wie beschrieben aussehen, können Sie die Ausrichtung verändern, indem Sie in die zu verschiebende Spalte klicken, die Maustaste gedrückt halten und dann weg bewegen. Sie können die Spalte nun in den Bereich verschieben, in der Sie sie positioniert haben möchten. Die Spalten werden beim Loslassen der Maustaste vertauscht.

6) Klicken Sie an den äußersten Rand der Tabelle, um diese vollständig auszuwählen.

7) Bestimmen Sie anschließend die bedingte Formatierung, indem Sie über die Registerkarten „Analyse" und „Bedingt" navigieren, um auf „Neue Regel…" zu klicken.

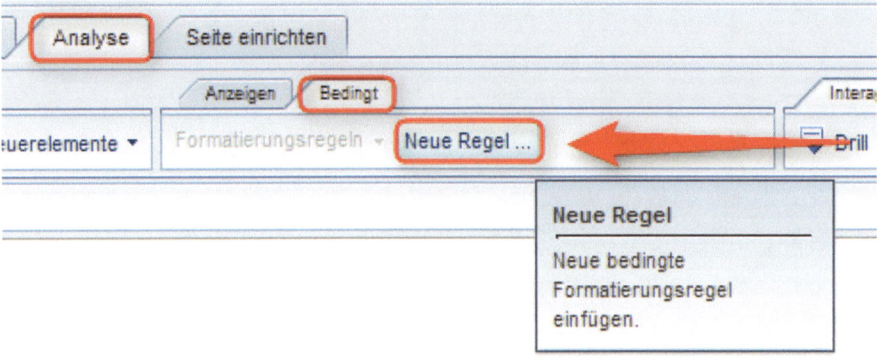

8) Wählen Sie nun einen Zielinhalt aus, indem Sie auf folgendes Symbol klicken und anschließend auf „Wählen Sie ein Objekt oder eine Variable aus".

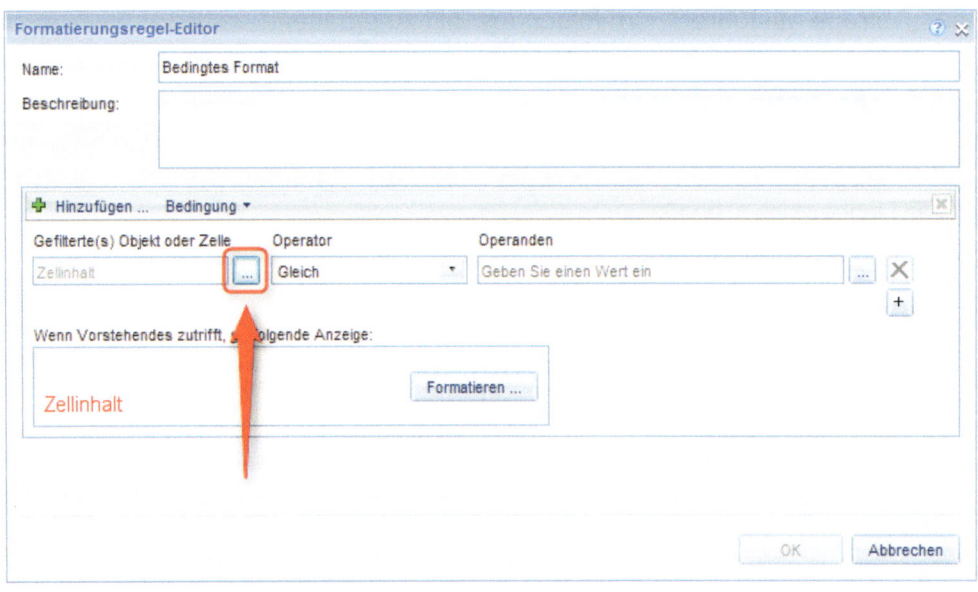

9) Bestimmen Sie „Margin" als Referenz und bestätigen Sie Ihre Eingabe durch Klicken auf „OK".

10) Wählen Sie beim Operator „Größer oder gleich" aus dem Dropdown Menu und geben Sie beim Operanden den Wert „150000" ein.

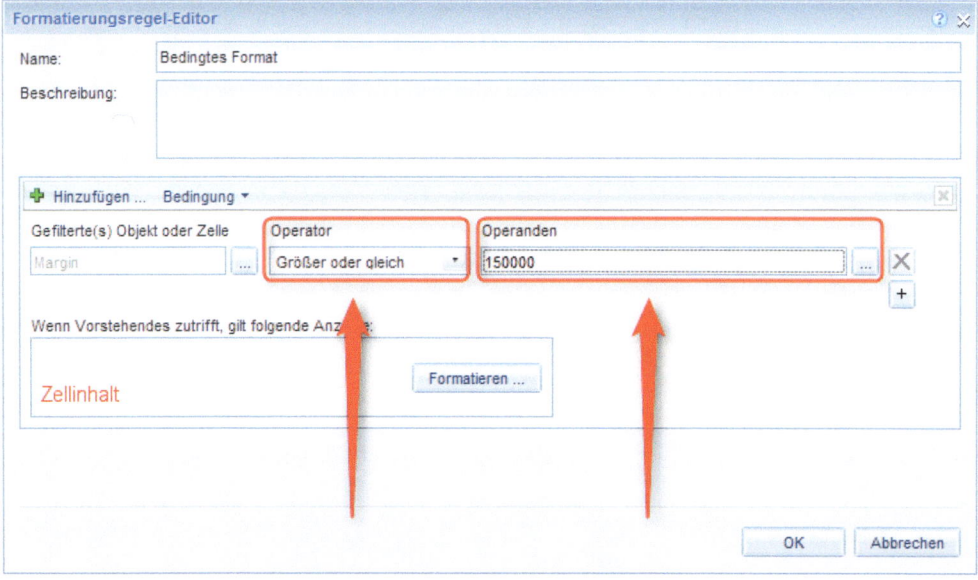

11) Nachdem Sie die Bedingung festgelegt haben, bestimmen Sie nun die Formatierung, indem Sie auf „Formatieren…" klicken.

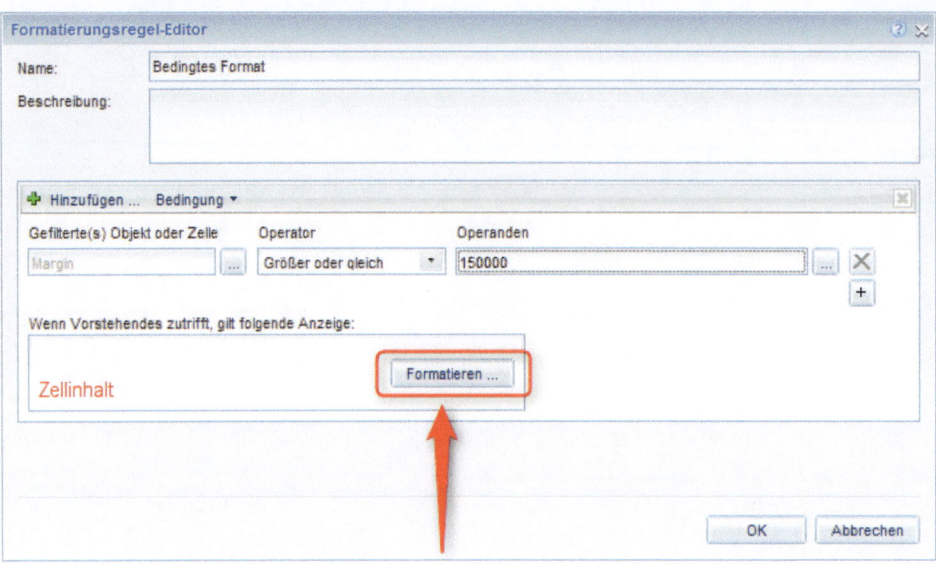

12) Unter der Kategorie „Text" wählen Sie als **„Schriftschnitt"** „Fett" und als **„Schriftfarbe"** „Weiß" aus. Richten Sie den Wert sowohl „Horizontal", als auch „Vertikal" „Zentriert" aus.

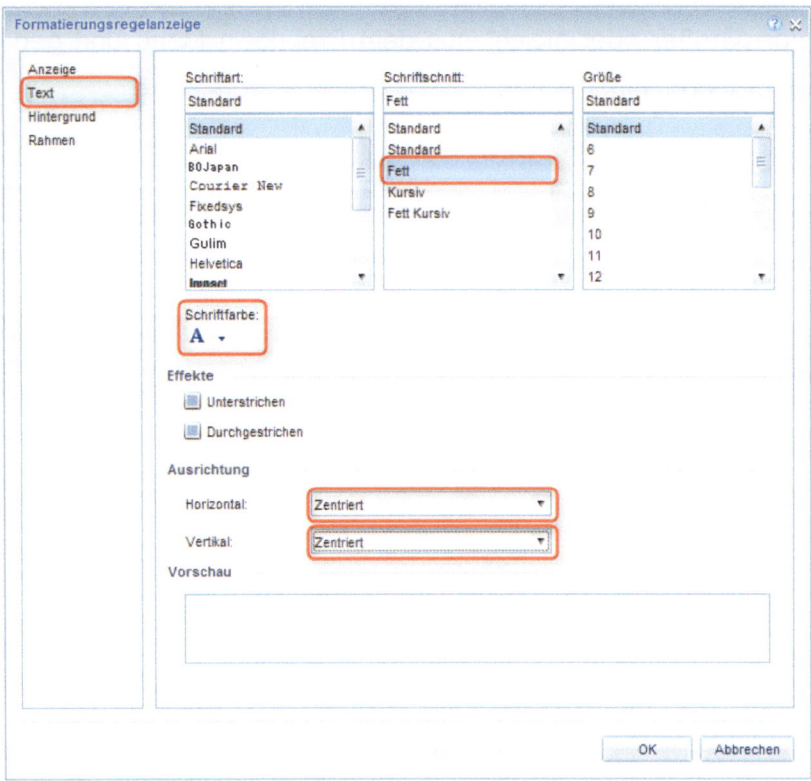

13) Beim „Hintergrund" bestimmen Sie „Meergrün" als Hintergrundfarbe und bestätigen Ihre Eingabe durch Klicken auf „OK".

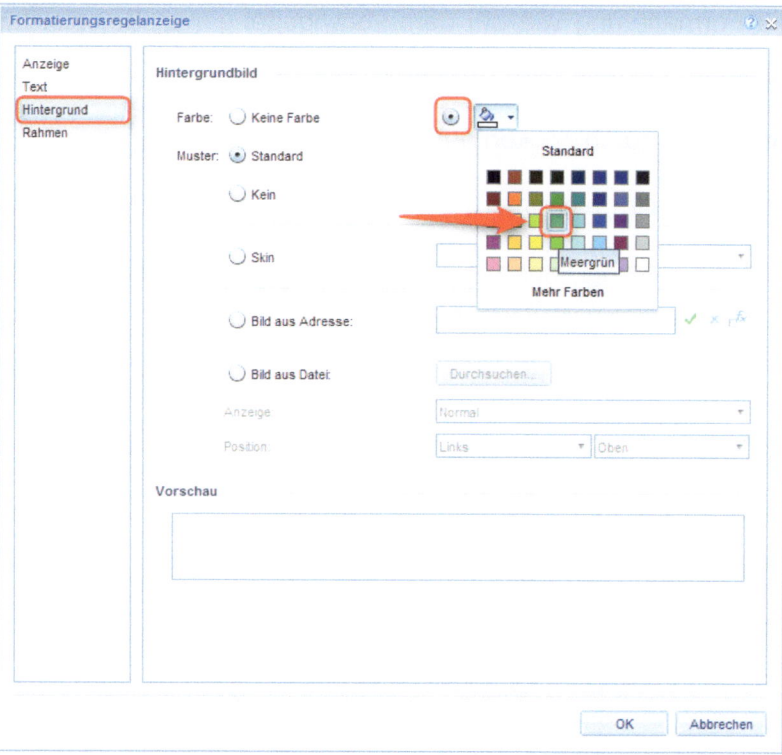

14) Klicken Sie nun auf „Hinzufügen…", um eine weitere Formatbedingung zu ergänzen.

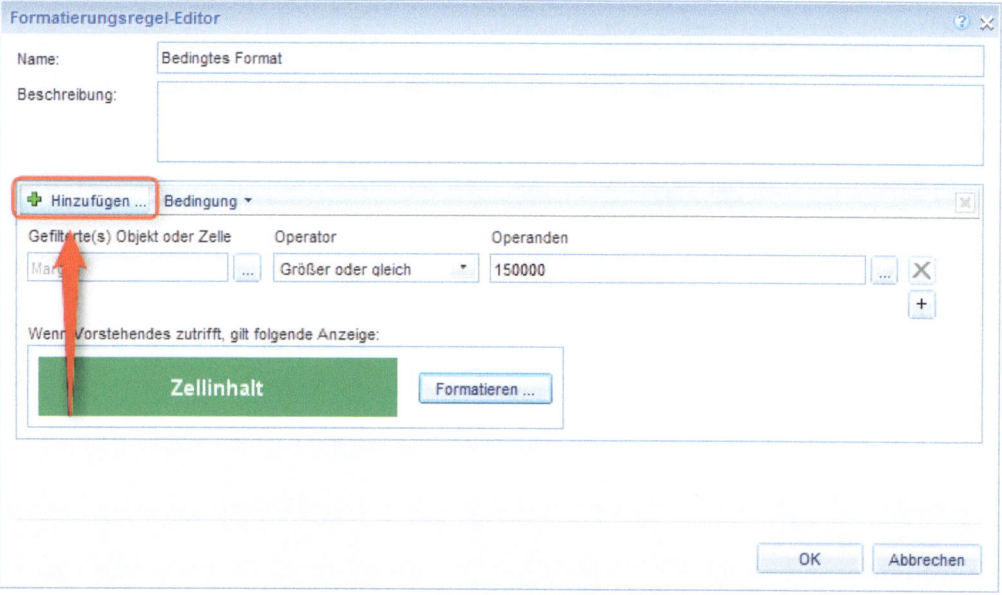

15) Führen Sie dieselben Schritte aus wie bei der ersten bedingten Formatierung aus – nur dass Sie nun den Operator „Kleiner" und als Operanden den Wert „120000" bestimmen.

16) Anschließend legen Sie die Formatierung wie bei dem vorangegangenen Beispiel fest, mit dem Unterschied, dass in diesem Fall die Hintergrundfarbe „Rot" ausgewählt wird.

17) Bestätigen Sie das bedingte Format durch Klicken auf „OK".

18) Klicken Sie nun in eine Zelle der Spalte „Margin".

19) Aktivieren Sie die bedingte Formatierung, indem Sie über die Registerkarten „Analyse" und „Bedingt" zu „Formatierungsregeln" navigieren und dann auf „Bedingtes Format…" klicken, sodass an dieser Stelle ein Häkchen gesetzt wird.

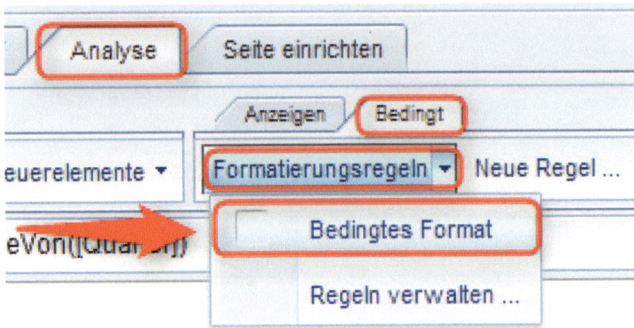

Ihr Bericht sollte nun wie folgt dargestellt werden:

Quarter	City	Margin
Q1	Los Angeles	$161,674
Q1	San Francisco	$113,830
Q2	Los Angeles	$171,281
Q2	San Francisco	$148,347
Q3	Los Angeles	$140,154
Q3	San Francisco	$115,532
Q4	Los Angeles	$146,259
Q4	San Francisco	$124,412

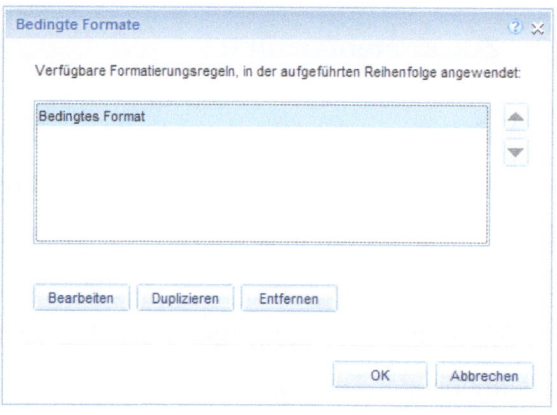

HINWEIS: Sie können Ihre angelegten bedingten Formate auch verwalten. Hierbei
können Sie die bestehenden Formate bearbeiten oder sie entfernen.
Außerdem besteht die Möglichkeit
ein Format zu duplizieren, um dieses als Grundlage für weitere Alerter zu verwenden, sodass im Wesentlichen das Grundgerüst steht
und nur noch feine Justierungen vorgenommen werden müssen. Zum Verwalten
der bedingten Formatierungen gelangen Sie über die Registerkarte „Analyse", „Bedingt" und „Formatierungsregeln", um daraufhin auf „Regeln verwalten..." zu klicken.

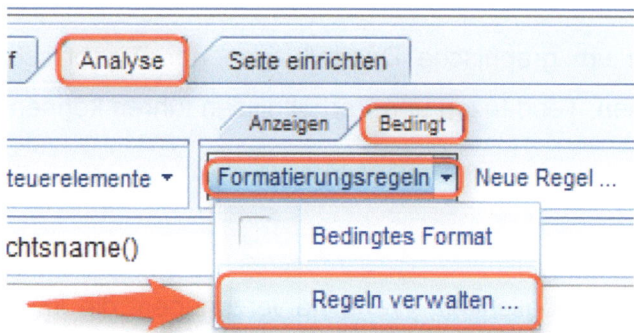

HINWEIS: Sie können eine Formatierungsregel übrigens nicht nur auf die Spalte anwenden, in
der auch das Kriterienobjekt steht (wie „Margin" im obigen Beispiel). Es ist ebenso
möglich die anderen beiden Spalten, „Quarter" und „City", zu selektieren und dann
Schritt 18 auszuführen. Dann werden auch diese farblich nach Höhe der „Margin"
gekennzeichnet.

20)   Speichern Sie den Bericht anschließend in Ihrem persönlichen Bereich („Meine Favoriten") unter dem Namen „Alerter".

7.2 Zusammenfassung

Zur Aufbereitung der Daten existieren zahlreiche Möglichkeiten. Hierzu zählen die drei Tabellenformen **vertikale**, **horizontale** und **Kreuztabelle**, sowie diverse Graphen, wie z.B. **Kreis-**, **Balken-**, **Säulen-** und **Liniendiagramm**. Des Weiteren können bestimmte Formatierungsbedingungen eingesetzt werden, um bewusst als Warnsystem zu fungieren, indem Überschreitungen von vorab definierten Werten hervorgehoben werden. Bitte beachten Sie das Kapitel 7.3 für ein vertiefendes Verständnis der Thematik.

Tabelle

Mit Hilfe von Tabellen können die Informationen aus der Datenbank tabellarisch abgebildet werden.

Diagramme

Bei Diagrammen handelt es sich um graphische Darstellungen der Ergebnisse, die zu einem schnelleren Erkennen von Relationen, Tendenzen und Verhältnissen führen können.

Bedingte Formatierung

Die bedingte Formatierung bietet die Möglichkeit, Werte hervorzuheben, die im Voraus definierte Grenzen über- oder unterschreiten.

7.3 Vertiefendes Anwendungswissen

7.3.1 Tabellenformatierung

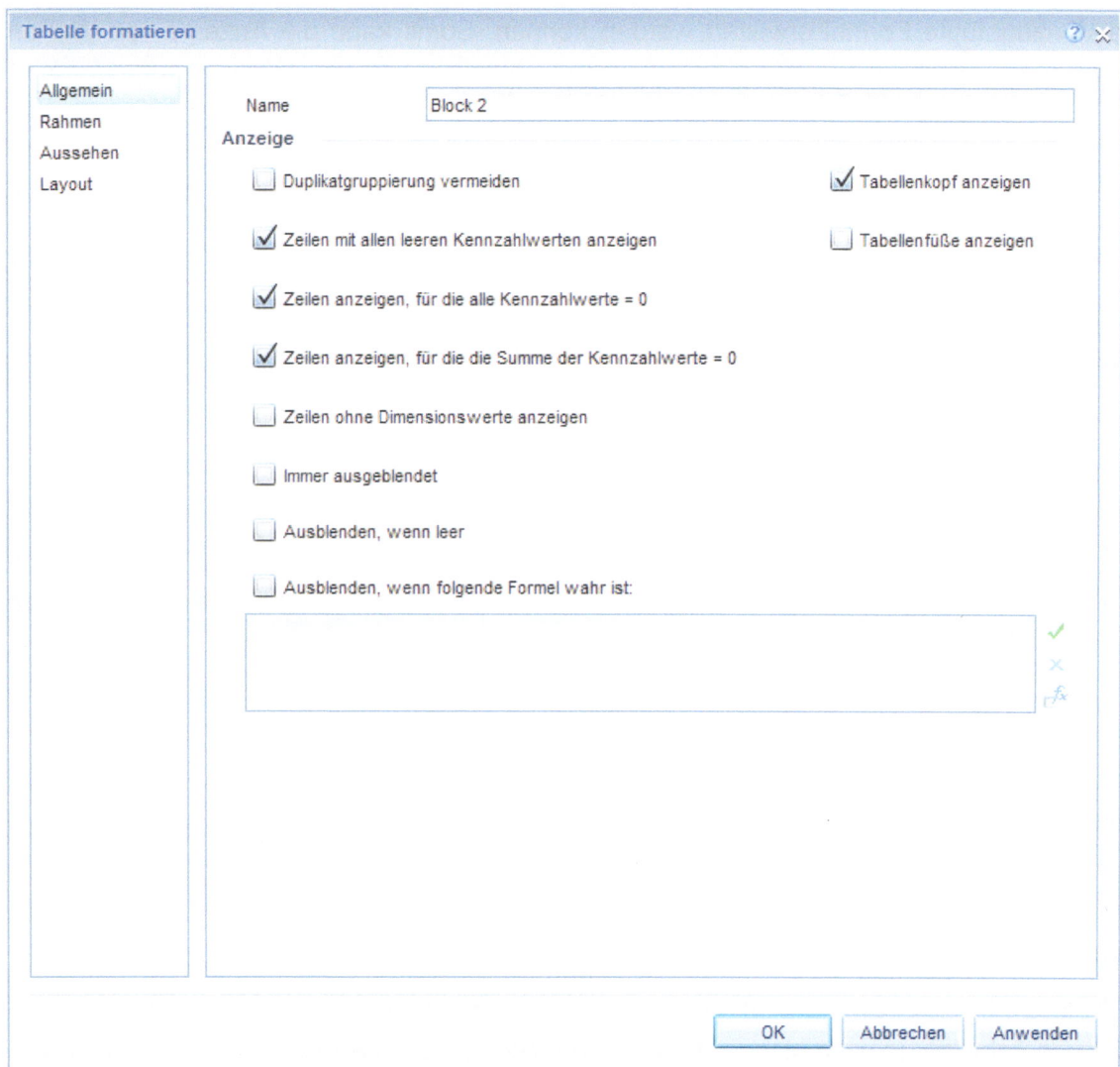

Bei der Formatierung von Tabellen wird im Formatierungsfenster zwischen vier Bereichen unterschieden (siehe Abbildung): Allgemein, Rahmen, Aussehen, Layout.

Allgemein

Der Bereich „Allgemein" ist wichtig für das Ein-/Ausblenden vom Tabellenkopf/-fuß. Hierfür können ebenfalls Einstellungen bezüglich der Anzeige der Daten vorgenommen werden. Dies erfolgt unter Berücksichtigung bestimmter Bedingungen, die entweder bereits vorhanden sind und/oder durch eine manuell hinzugefügte Formel erweitert werden können. Somit kann die Anzeige von Werten durch die Auswahl von Bedingungen eingeschränkt werden.

Rahmen

Im Formatierungsfeld „Rahmen" kann der Stil, die Stärke und die Farbe für den Rahmen der Tabelle bearbeitet werden – zu unterscheiden von der Konfiguration der Zellrahmen, die über einen Rechtsklick auf die zu formatierende Zelle und der Auswahl „Zelle formatieren..." vorgenommen wird.

Aussehen

Beim „Aussehen" erhält der Entwickler die Möglichkeit, die Darstellung der Tabelle je nach Belieben zu verändern. So kann z.B. jede zweite Zeile abwechselnd farblich gefüllt werden, um die Tabelle anschaulicher darzustellen.

Layout

Der Bereich „Layout" ist eine wichtige Komponente der Formatierungsmöglichkeiten, da hier Einstellungen bezüglich der relativen Positionierung, also Positionierung der Tabelle in Relation zu anderen, in dem Bericht vorhandenen Komponenten, vorgenommen werden können. Das ist wichtig, da die Größe von Tabellen, je nach Menge der von einer Abfrage zurückgelieferten Daten, variieren kann. Die Tabelle wird also unter Umständen länger und überlagert auf einmal Elemente, die vorher noch unterhalb der Tabelle angeordnet waren. Wenn diese Elemente jedoch an der Tabelle ausgerichtet werden, verschiebt sich ihre Position in Abhängigkeit der Größe der darüber gelegenen Tabelle.

Ausblenden von Spalten/Zellen

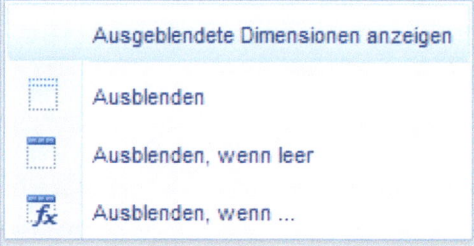

7.3.2   Diagrammformatierung

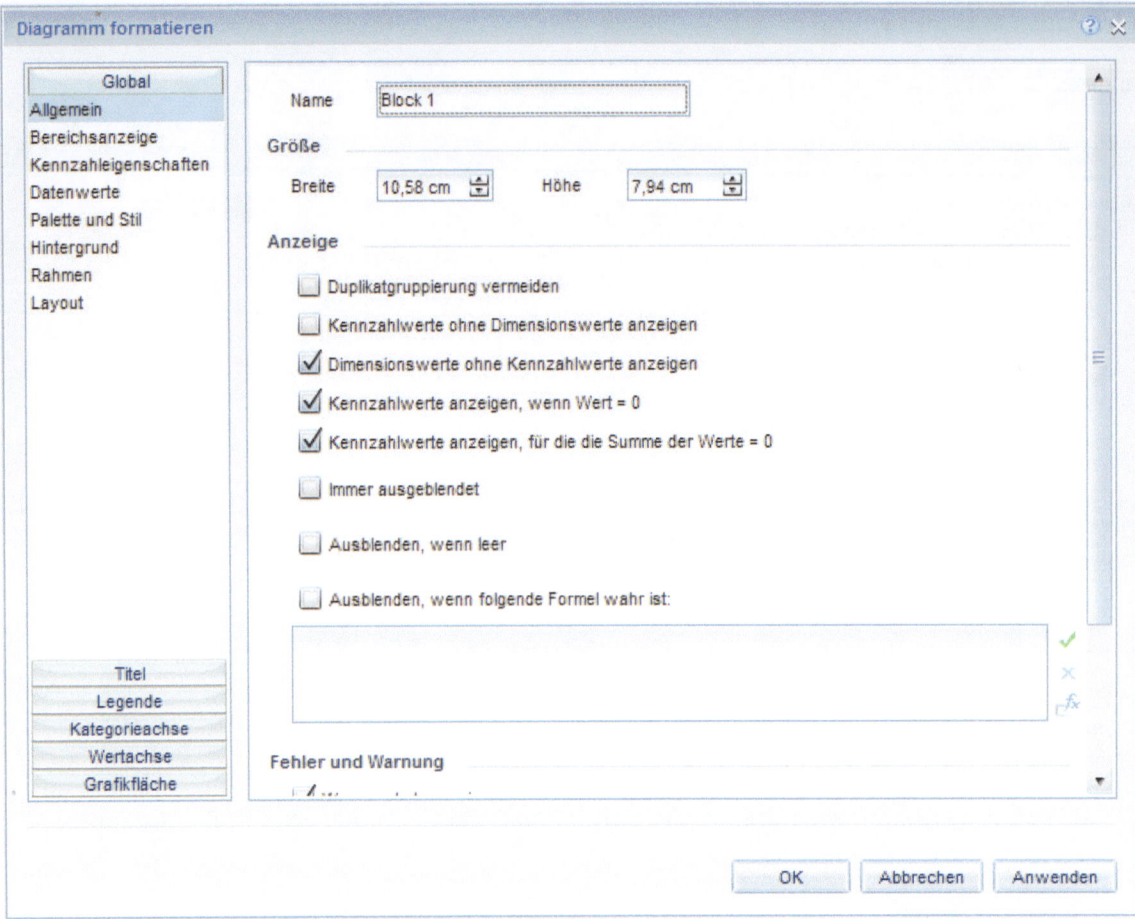

In dem Formatierungsfenster für Diagramme werden nun folgende Rubriken als Einstellungsmöglichkeiten angezeigt (siehe Abbildung): **Global**, **Titel**, **Legende**, **Kategorieachse**, **Werteachse** und **Graphikfläche**. Jedes dieser Kategorien ist wiederum unterteilt in zielführende Unterpunkte, die eine bedarfsgerechte Konfiguration der Diagramme ermöglichen, die im Folgenden nun näher erläutert werden. Dies dient dazu, Benutzer die Bandbreite der Einstellungsmöglichkeiten vor Augen zu führen.

Global

Die Rubrik „Global" ist unterteilt in die Unterpunkte **Allgemein**, **Bereichsanzeige**, **Datenwerte**, **Kennzahleneigenschaften**, **Palette/Stil**, **Hintergrund**, **Rahmen** und **Layout**. Hierbei wird nur auf Besonderheiten und/oder gängige Nutzungselemente eingegangen.

Der Bereich „Allgemein" ist identisch zum gleichnamigen Bereich bei der Formatierung von Tabellen und dient ebenfalls der Anzeigengestaltung.

Bei der „Bereichsanzeige" können Formatierungen bezüglich der Schriftart und –größe, sowie Sichtbarkeit der Diagrammelemente vorgenommen werden.

In dem Feld für „Datenwerte" kann lediglich ein Häkchen für ja oder nein gesetzt werden, um somit zu bestimmen, ob die entsprechenden Datenwerte in dem Diagramm angezeigt werden sollen oder nicht.

Für die Anpassung der Ansicht dient der Bereich für „Palette/Stil", denn hier kann der Anwender Farbe, Symbole sowie Effekte und Schatten einrichten.

Die Felder „Rahmen" und „Layout" sind ebenfalls der Formatierung von Tabellen ähnlich und ermöglichen die Grundgestaltung des Diagramms.

Titel

In der Kategorie „Titel" wird dem Entwickler die Möglichkeit eingeräumt den Titel des Berichtes zu ändern.

Legende

Um die Beschriftung des Diagramms ebenfalls eigenständig gestalten zu können, können im Feld „Legende" Form und Inhalt bedarfsgerecht eingerichtet werden.

Kategorieachse

Die „Kategorieachse" bezieht sich auf die X-Achse, sodass hier die Formatierung, Anzeige und Reihenfolge der Werte auf der X-Achse angepasst werden können.

Werteachse

Die Werteachse berücksichtigt dahingegen die Y-Achse und bietet daher dieselben Einstellungselemente wie bei der „Kategorieachse". Zudem werden weitere Optionen zur Bestimmung der Werteanzeige angeboten, sodass weitere zielgerichtete Einstellungen erfolgen können. Die Skalierung kann linear oder logarithmisch erfolgen. Die Achsen können eingeschränkt und entsprechend be-schriftet werden. Eine weitere hilfreiche Option ist die Darstellung der Säulen durch „Stapelbarkeit", indem die Anteile des Ganzen mittels einer Säule dargestellt werden. Diese Einstellung soll durch die folgenden Abbildungen veranschaulicht werden:

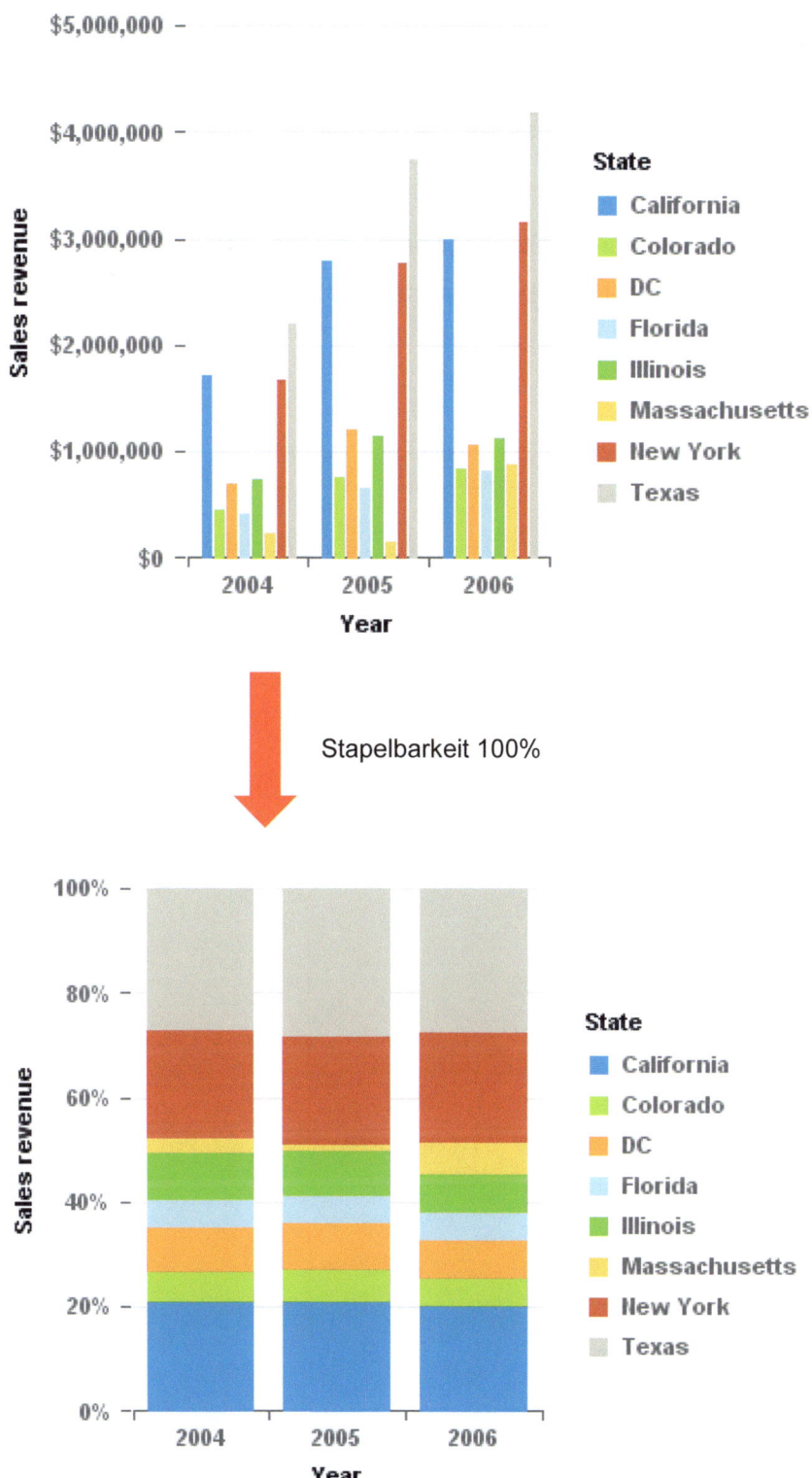

Stapelbarkeit 100%

Graphikfläche

Abschließend besteht noch die Möglichkeit zur Feinjustierung der Diagramme, indem der Benutzer unter der Kategorie „Graphikfläche" die Abstände zwischen den einzelnen Diagrammelementen bestimmen kann.

Durch diese Vielzahl an Einstellungsoptionen können die Diagramme bis ins kleinste Detail an die Anforderungen des Anwenders angepasst und individualisiert werden.

8. Datenstrukturierung mit Hilfe von Sektion und Gruppenwechsel

In diesem Kapitel erhalten Sie einen Überblick über die Strukturierungsmöglichkeiten von Webl-Berichten. Dabei geht es sowohl um die Strukturierung der Elemente zueinander als auch der Erhöhung der Übersichtlichkeit innerhalb einzelner Elemente, insbesondere innerhalb von Tabellen.

8.1 Praktische Einführung

- Gruppenwechsel

- Sektion

8.1.1 Gruppenwechsel

Der Gruppenwechsel dient zur Gliederung der Daten innerhalb einer Tabelle und erhöht damit die Übersichtlichkeit der Ergebnisse.

Aufgabenstellung

Sie möchten für die Staaten DC und Florida die Absatzmenge an „City"-Produkten, d.h. sämtliche Produkte, die mit dem Begriff City beginnen, darstellen. Dabei sollen die Verkaufszahlen in Abhängigkeit des Geschäftsjahres gegliedert werden.

Dazu gehen Sie wie folgt vor:

- Aufrufen des Abfrageeditors

- Identifizierung der relevanten Objekte

- Definieren der Filterung

- Ausführung der Datenabfrage

- Einfügen des Gruppenwechsels

Vorgehensweise

1) Rufen Sie den Abfrageeditor auf, indem Sie in der Navigationsleiste auf „Datenzugriff" und anschließend auf „Bearbeiten" klicken oder erstellen Sie einen neuen Bericht auf Basis des eFashion-Universums.

2) Identifizieren Sie nun die folgenden Objekte:

   - Klasse „Time Period":   Dimension „Year" (Jahreszahl)

- Klasse „Store":   Dimension „State" (Staat)

- Klasse „Product":   Dimension „Lines" (Produktlinie)

- Klasse „Measures":   Kennzahl „Quantity Sold" (Absatzmenge)

Ziehen Sie nacheinander die relevanten Elemente per Drag & Drop in den Bereich der „Ergebnisobjekte", um den Datenprovider zu bestimmen.

3)   Ziehen Sie nun die Objekte „State" und „Lines" in den Bereich „Abfragefilter".

Für die Staaten wählen die Werte „DC" und „Florida" aus.

Um den Filter für die Produktlinie zu definieren, wählen Sie als Operator „Gleich Muster" aus und geben „city%" ein. Durch die Wildcard wird eine beliebige Zeichenfolge bestimmt, sodass sämtlich City Produkte gefiltert werden.

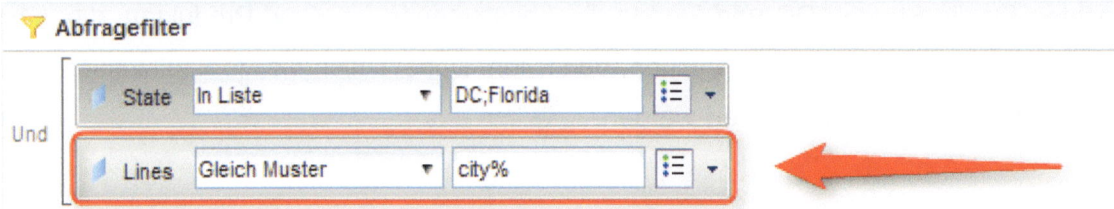

4)   Führen Sie die Abfrage aus.

5)   Klicken Sie im Tabellenkopf auf „Year".

6)   Navigieren Sie über die Registerkarte „Analyse" und „Anzeigen" und „Gruppenwechsel" und klicken Sie anschließend auf „Gruppenwechsel verwalten…".

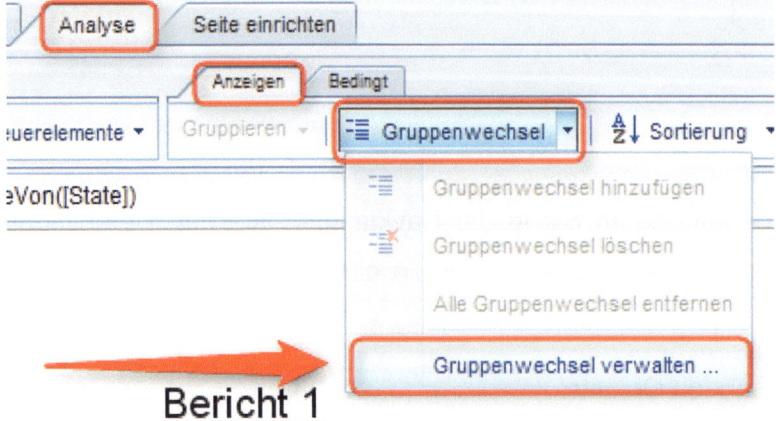

7)   Klicken Sie auf „Hinzufügen", um eine neue Gliederung in den Bericht einzupflegen.

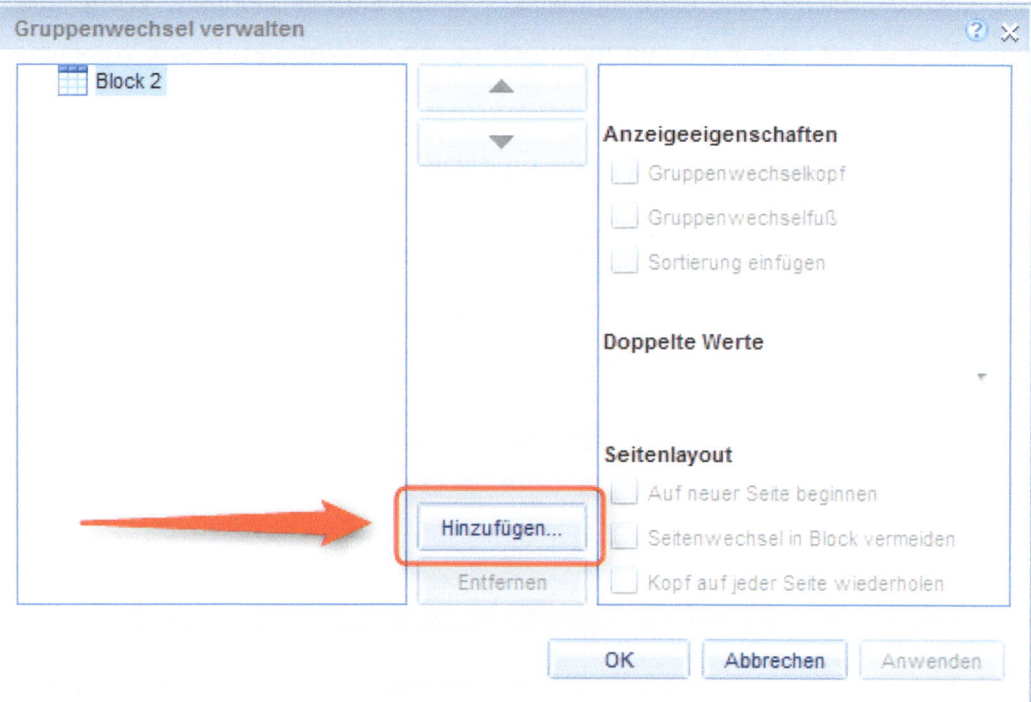

8)   Wählen Sie „Year" aus, damit der Gruppenwechsel auf Grundlage der Geschäftsjahre erfolgt
     und bestätigen Sie Ihre Eingabe durch Klicken auf „OK".

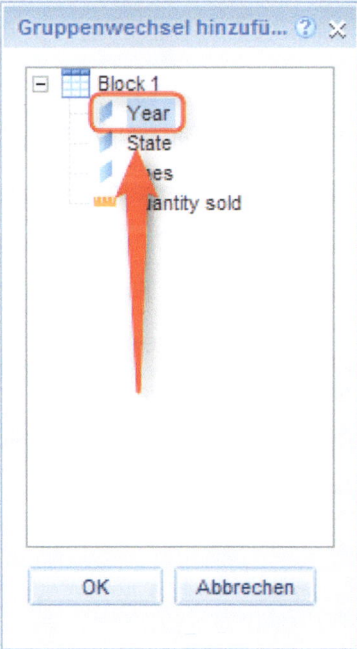

9) Entfernen Sie das Häkchen bei „Gruppenwechselfuß", um zu vermeiden, dass nach jedem Abschnitt eine zusätzliche Zeile eingefügt wird. Wählen Sie bei „Doppelte Werte" die Option „Zusammenführen" aus, damit werden mehrfach genannte Werte zu einem zusammengetragen.

Bestätigen Sie nun Ihre Eingabe durch klicken auf „OK".

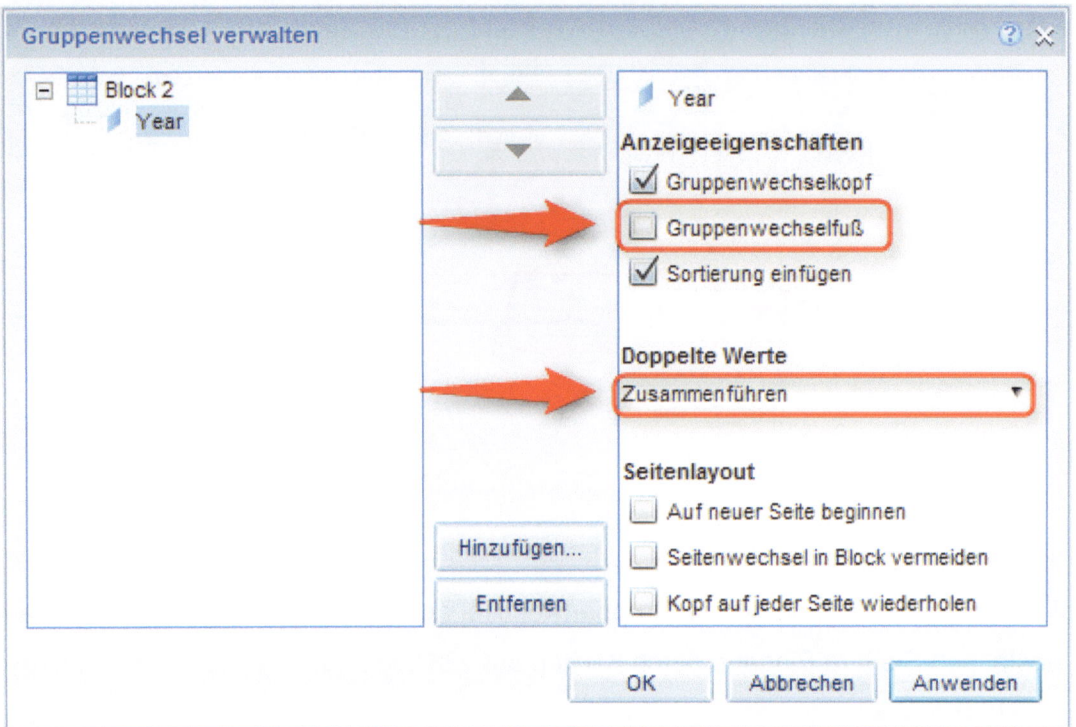

10) Sie erhalten nun einen Tabellenblock mit zwei Überschriften. Eine resultiert aus der Tabelleneigenschaft „Tabellenkopf anzeigen", die zweite aus der Gruppenwechseleigenschaft, da wir im Gruppenwechseldialog einen Haken neben „Gruppenwechselkopf" gesetzt/belassen haben. Um den Tabellenkopf zu entfernen, müssen Sie zunächst an den Rand der Tabelle klicken. Anschließend navigieren Sie über die Registerkarte „Berichtselement" zu „Tabellen-Layout" und klicken dort auf „Tabellenkopf anzeigen". Somit wird der Tabellenkopf entfernt und es verbleiben lediglich die Gruppenwechselköpfe. Alternativ könnten Sie natürlich auch die Gruppenwechselköpfe entfernen und den Tabellenkopf belassen.

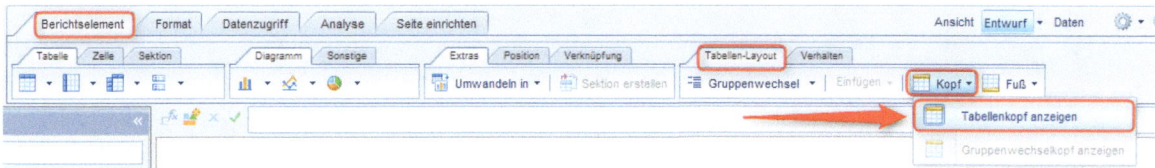

Es entsteht folgende Gliederung Ihres Berichtes:

Year	State	Lines	Quantity sold
	DC	City Skirts	16
	DC	City Trousers	33
2004	Florida	City Skirts	16
	Florida	City Trousers	19

Year	State	Lines	Quantity sold
	DC	City Skirts	31
	DC	City Trousers	65
2005	Florida	City Skirts	27
	Florida	City Trousers	35

Year	State	Lines	Quantity sold
	DC	City Skirts	102
	DC	City Trousers	35

HINWEIS: Die Gruppenwechsel können Sie auch per Rechtsklick einfügen, indem Sie einfach beliebig in der Tabelle die rechte Maustaste betätigen und anschließend aus „Gruppenwechsel" sowie „Gruppenwechsel verwalten…" klicken.

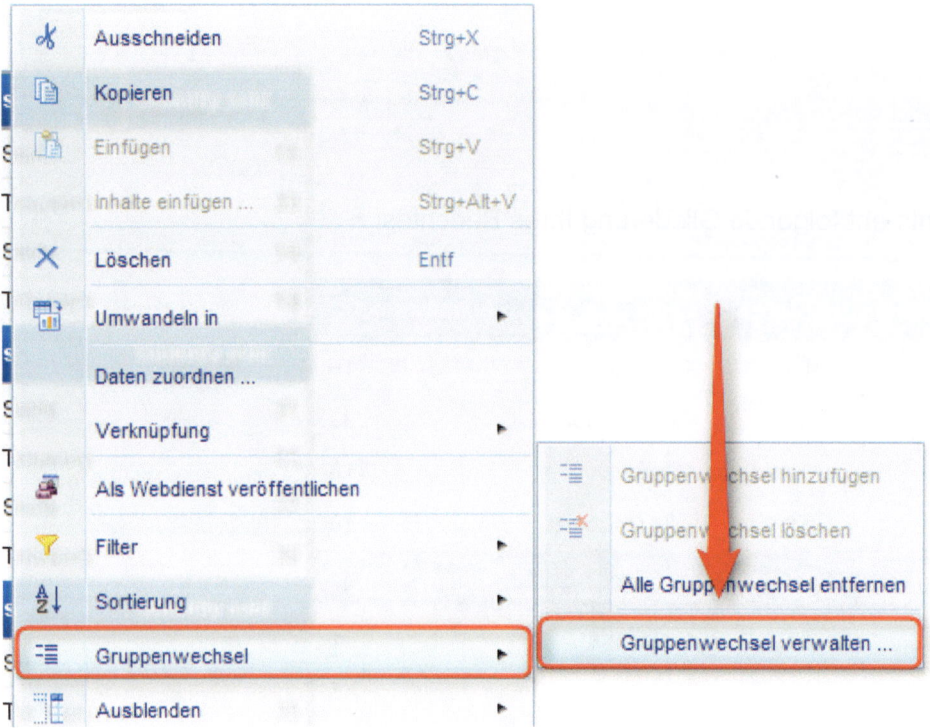

11) Speichern Sie den Bericht anschließend in Ihrem persönlichen Bereich („Meine Favoriten") unter dem Namen „Gruppenwechsel".

8.1.2 Sektion

Im Gegensatz zum Gruppenwechsel wird bei einer Sektion nicht *eine* Tabelle in mehrere Teile untergliedert, sondern es entstehen separate Tabellen oder Diagramme in Abhängigkeit der definierten Sektion. Dabei sind die Tabellen und Diagramme je Sektion strukturell immer identisch. Außerdem kann es in einer Sektion mehrere Tabellen oder Diagramme geben.

Aufgabenstellung

Aufgrund der großen Bedeutung der „City"-Produkte für die Staaten DC und Florida möchten Sie nun zwar die Gliederung nach Geschäftsjahren beibehalten, aber es sollen für „City Trousers" und „City Skirts" jeweils separate Tabellen entstehen.

Dazu gehen Sie wie folgt vor:

- Öffnen eines gespeicherten Berichtes

- Erstellen einer Sektion über die Navigationsleiste

- Identifizierung des relevanten Objektes

- Löschen der überflüssigen Spalte

Vorgehensweise

1) Öffnen Sie zunächst den Bericht „Gruppenwechsel" (Kapitel 8.1.1) und schaffen Sie somit die Grundlage für diese Klickanleitung.

2) Klicken Sie über die Registerkarten „Berichtselement" und „Sektion" auf „Sektion einfügen".

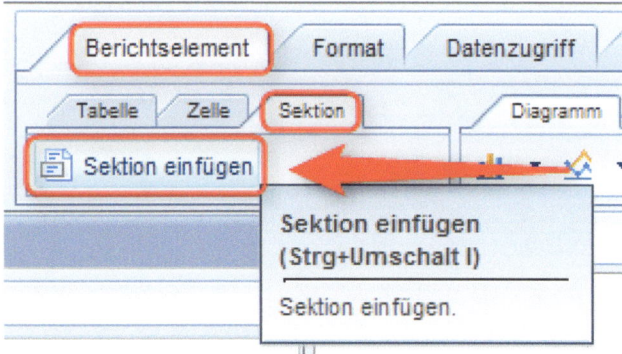

3) Positionieren Sie nun die Sektion unmittelbar über der Tabelle und klicken Sie dann auf die linke Maustaste.

4) Identifizieren Sie nun „Lines" als relevante Dimension, nach der die Sektion erstellt werden soll, und bestätigen Sie Ihre Eingabe mit Klicken auf „OK".

Sie erhalten nun einen Bericht, der nach der mit der Dimension „Lines" als Sektion und nach der Dimension „Year" gruppiert wurde (scrollen Sie im Bericht nach unten, um die Sektion für „City Trousers" zu sehen):

City Skirts

Year	State	Lines	Quantity sold
2004	DC	City Skirts	16
	Florida	City Skirts	16

Year	State	Lines	Quantity sold
2005	DC	City Skirts	31
	Florida	City Skirts	27

Year	State	Lines	Quantity sold
2006	DC	City Skirts	102
	Florida	City Skirts	45

City Trousers

Year	State	Lines	Quantity sold

5) Klicken Sie nun in die Spalte „Lines" und drücken Sie die Taste „Entf".

6) Wählen Sie nun „Spalte entfernen" und bestätigen Sie Ihre Eingabe durch Klicken auf „OK", um die genannte Spalte zu eliminieren.

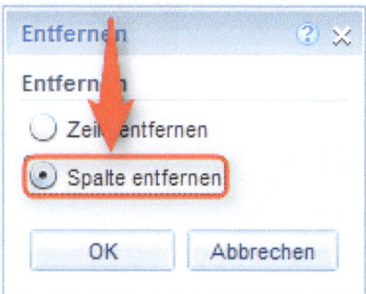

Sie erhalten folgende Ansicht:

City Skirts

Year	State	Quantity sold
2004	DC	16
	Florida	16

Year	State	Quantity sold
2005	DC	31
	Florida	27

Year	State	Quantity sold
2006	DC	102
	Florida	45

City Trousers

Year	State	Quantity sold
2004	DC	33
	Florida	19

Year	State	Quantity sold
2005	DC	65
	Florida	35

Year	State	Quantity sold
2006	DC	35
	Florida	20

HINWEIS: Eine Sektion können Sie ebenfalls einfügen, indem Sie in der Tabelle auf den Wert, auf den eine Sektion gebildet werden soll, per Rechtsklick selektieren und anschließend auf „Sektion erstellen" klicken. Da die Dimension damit bereits als Sektionskopf im Bericht enthalten ist, erfolgt keine zusätzliche Darstellung in der Tabelle. Die Spalte mit der ausgewählten Dimension verschwindet automatisch.

Außerdem können Sie die gewünschte Dimension einfach oberhalb der Tabelle ablegen, um auf ihrer Basis eine Sektion zu erstellen.

7) Speichern Sie den Bericht anschließend in Ihrem persönlichen Bereich („Meine Favoriten") unter einem Namen Ihrer Wahl.

8.2 Zusammenfassung

Gruppenwechsel

Bei der Berichterstattung von großen Datenmengen ist der Gruppenwechsel von Bedeutung, denn so kann der Anwender die Daten in Gruppen einteilen und anzeigen. Dies erhöht die Lesbarkeit der Resultate. Gruppenwechsel können mit Hilfe die Navigationsleiste über „Analyse" und „Anzeige", sowie über „Berichtelement" und „Tabellen-Layout" erzeugt werden. Außerdem besteht die Möglichkeit die Gliederung per Rechtsklick in den Bericht einzubetten. Außerdem können Sie Summen pro Gruppenwechselwert darstellen lassen.

Sektion

Die Sektionen sind hilfreich, um die Resultate je nach Kategorie als einzelne Blöcke (Tabellen oder Diagramme) anzeigen zu lassen. Die Erstellung von Sektionen erfolgt, wie auch schon der Gruppenwechsel, entweder über den Rechtsklick innerhalb der Tabelle oder über die Navigationsleiste. Bei dem Einsatz der Navigationsleiste kann über die Kategorie „Berichtselement" eine Sektion hinzugefügt werden, bei der noch eine explizite Zuordnung erforderlich ist. Sofern man in eine bestimmte Zelle klickt, jedoch nicht in die Zellenüberschriften, so kann man entweder per Rechtsklick und dann „Sektion erstellen" oder über die Navigationsleiste unter „Extras", die Resultate des Berichts nach der ausgewählten Dimension voneinander trennen, um so die Übersichtlichkeit zu erhöhen. Des Weiteren besteht die Möglichkeit mehrere Objekte zugleich als Sektionen einzustellen.

8.3 Vertiefendes Anwendungswissen

8.3.1 Einstellungen Gruppenwechsel

Beim Verwalten des Gruppenwechsels können spezifische Einstellungen vorgenommen werden, um die Anzeige der Resultate zu konfigurieren. Zunächst können die Eigenschaften definiert werden, indem die Anzeige von Gruppenkopf und –fuß eingerichtet werden. Zudem kann bestimmt werden, inwiefern doppelte Werte darzustellen sind. Des Weiteren besteht die Möglichkeit, die Seitenansicht zu gestalten, um weiteren Strukturanforderungen gerecht zu werden. Ferner kann der Anwender mehrere Gruppenwechsel hinzufügen und diese im gleichen Dialog verwalten.

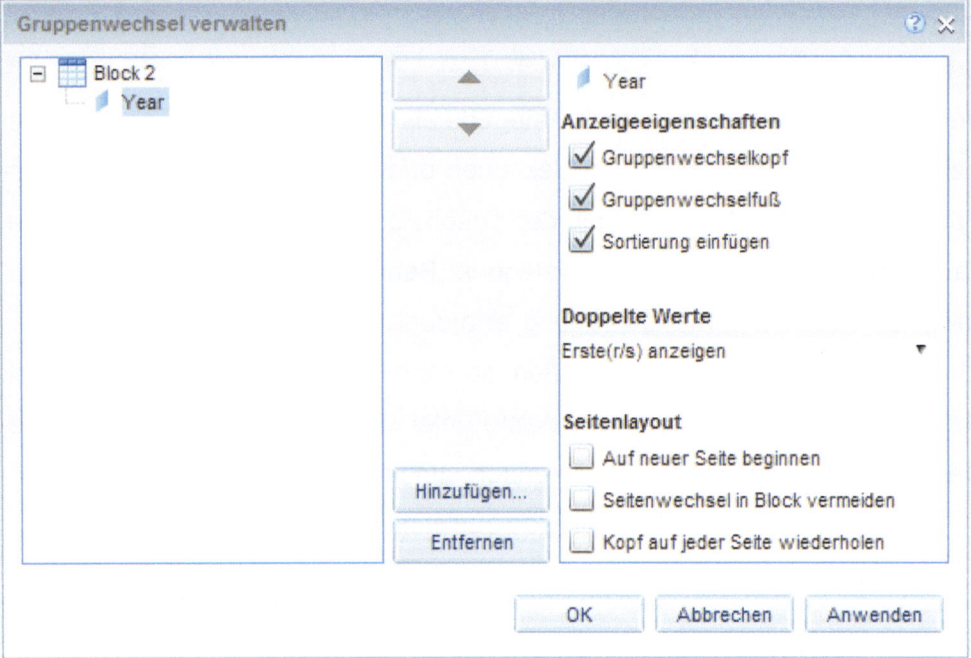

9. Datenanordnung mit Hilfe von Sortierung und Rangfolge

Die Datenanordnung innerhalb eines Berichtselements erfolgt durch die Sortierungsfunktion. Hierbei kann der Anwender die Datenaufreihung in Abhängigkeit der Anforderungen absteigend oder aufsteigend einstellen.

Mit Hilfe der „Ranking"-Funktion wird eine Sortierung nach einer bestimmten Rangfolge erzielt, wobei die Anzahl der anzuzeigenden „Besten" oder „Schlechtesten" selbst festgelegt werden kann. Dementsprechend handelt es sich dabei um eine einschränkende Sortierung der Daten.

9.1 Praktische Einführung

- Sortierung

- Rangfolge

9.1.1 Sortierung

Mit Hilfe der Sortierungsfunktion können Dimensionen und Kennzahlen nach einer bestimmten Reihenfolge angeordnet werden. Die Sortierung kann aufsteigend, absteigend oder benutzerdefiniert erfolgen.

Aufgabenstellung

Damit Sie als Geschäftsführer der Modehauskette eine Prognose für die Kollektion von Jacken der nächsten Saison in Kalifornien bestimmen können, brauchen Sie die Kennzahlen des Ertrags der vergangenen Jahre. Ausgehend von der Tatsache, dass die Verkaufszahlen des vergangenen Geschäftsjahres am bedeutsamsten sind und die anderen Geschäftsjahre lediglich zum Vergleich dienen, soll Ihre Tabelle absteigend nach Jahren sortiert werden. Zudem sollen die Ergebnisse in Monatsbasis angezeigt werden.

Dazu gehen Sie wie folgt vor:

- Aufrufen des Abfrageeditors

- Identifizierung relevanter Dimensionen

- Einführen der Sortierung

- Bestimmen der Sortierung

Vorgehensweise

1) Rufen Sie den Abfrageeditor auf, indem Sie in der Navigationsleiste auf „Datenzugriff" und anschließend auf „Bearbeiten" klicken oder erstellen Sie einen neuen Bericht auf Basis des eFashion-Universums.

2)   Identifizieren Sie nun die folgenden Objekte:

- Klasse „Time Period":   Dimension „Year" (Jahr)

- Klasse „Time Period":   Information „Month Name" (Monatsname)

- Klasse „Measures":   Kennzahl „Margin" (Gewinn)

Ziehen Sie nacheinander die relevanten Elemente per Drag & Drop in den Bereich der „Ergebnisobjekte", um den Datenprovider zu definieren.

3)   Ziehen Sie nun die Dimensionen „Lines" und „State" in den Bereich „Abfragefilter".

Als Produktlinie legen Sie „Jackets" und als Staat „California" fest.

4)   Führen Sie die Abfrage aus.

5)   Markieren Sie die Dimension „Year", indem Sie sie in der Tabelle anklicken.

6)   Klicken Sie über die Registerkarten „Analyse" und „Anzeigen" auf „Sortierung".

7)   Wählen Sie „Absteigend" als Sortierungstyp aus, damit die Jahresangaben mit dem größten Wert beginnen und dann absteigend angeordnet werden.

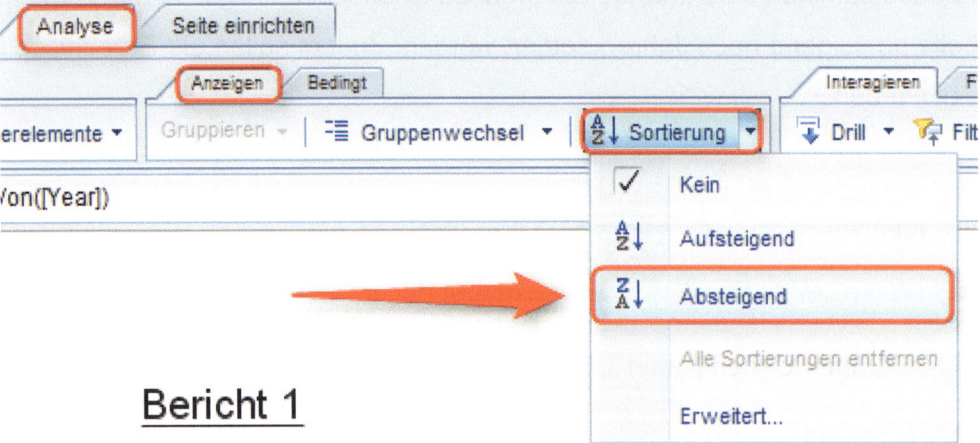

Bericht 1

Damit ändert sich Ihr Bericht wie folgt:

Year	Month Name	Margin
2006	April	$1,126
2006	August	$488
2006	December	$410
2006	February	$697
2006	January	$2,881
2006	July	$1,863
2006	June	$1,416
2006	March	$5,920
2006	May	$1,487
2006	November	$1,177
2006	October	$5,210
2006	September	$2,318
2005	April	$1,073
2005	August	$587
2005	December	$2,711
2005	February	$352
2005	January	$657

HINWEIS: Die Sortierung kann auch über Rechtsklick erfolgen, nachdem Sie die entsprechen-de Dimension in der Tabelle markiert haben und anschließend auf „Sortierung" kli-cken, um den jeweiligen Sortierungstyp auszuwählen.

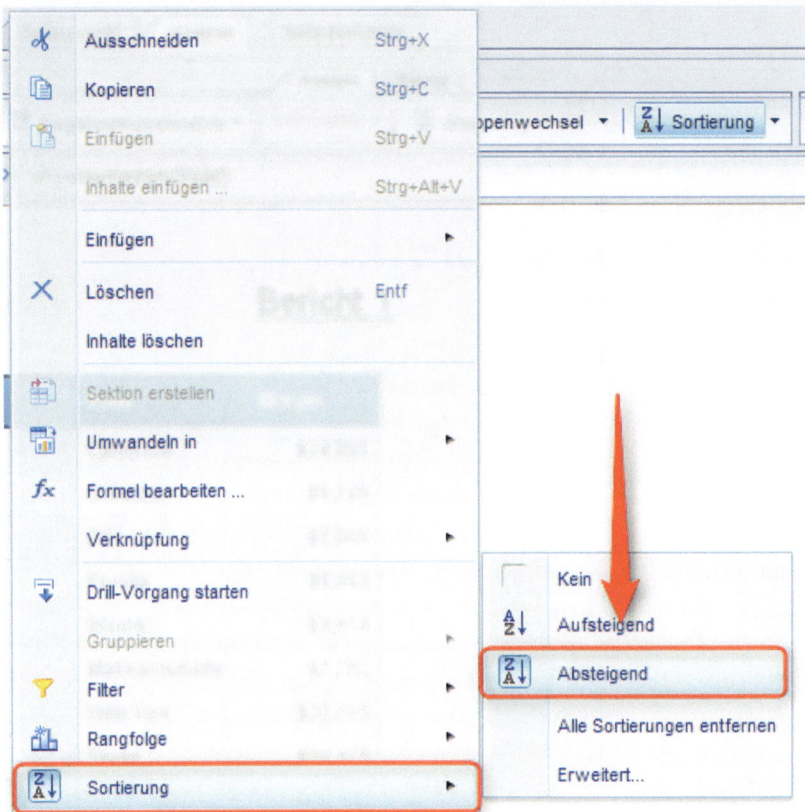

8)   Die Monate sind zurzeit noch alphabetisch angeordnet. Um diese in die richtige Reihenfolge zu bringen, müssen Sie eine „benutzerdefinierte Sortierung" anlegen. Klicken Sie hierzu be-liebig in die Tabelle.

9)   Navigieren Sie erneut zu „Sortierung" und klicken Sie dann auf „Erweitert…".

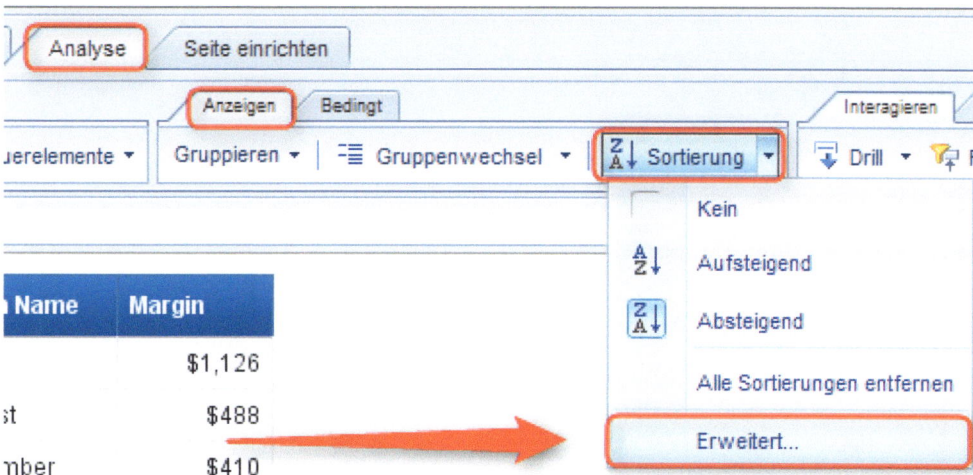

10)   Fügen Sie anschließend eine weitere Sortierung hinzu, indem Sie auf „Hinzufügen…" klicken.

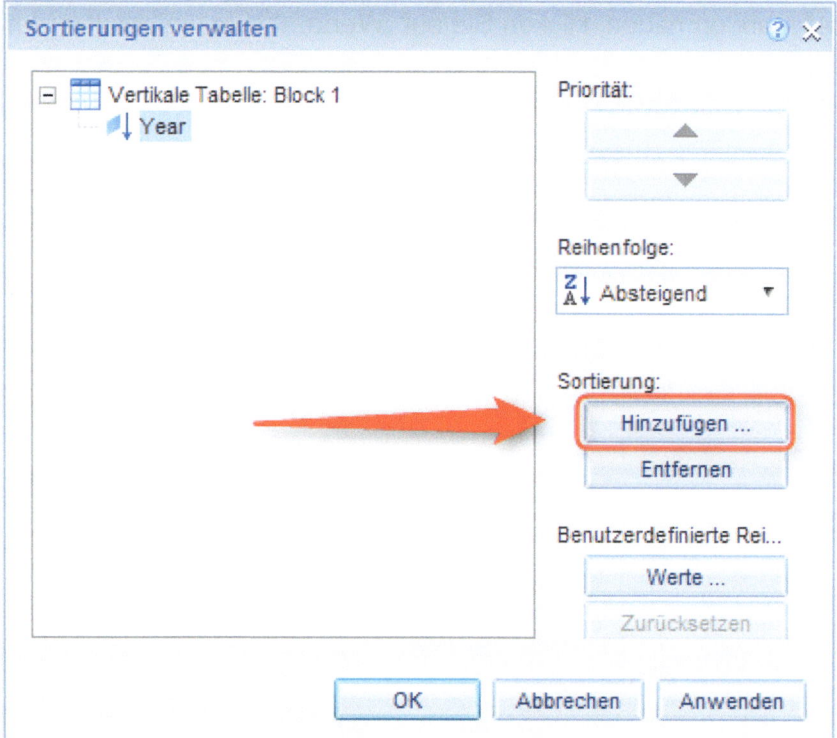

11) Wählen Sie nun die Information „Month Name" aus und bestätigen Sie Ihre Eingabe durch Klicken auf „OK".

12) Wenn Sie „Month Name" markiert haben, klicken Sie auf „Werte...", um die benutzerdefinierte Sortierung vorzunehmen.

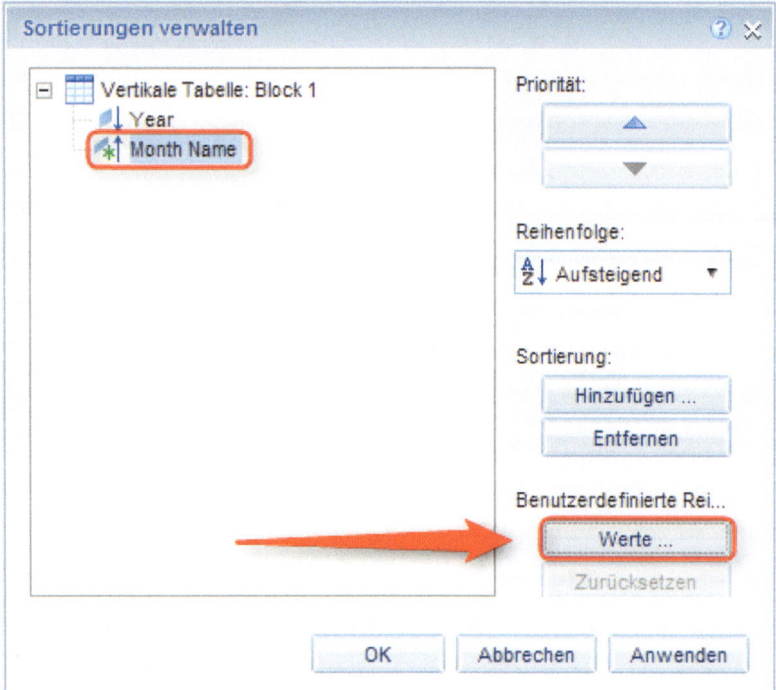

13) Ordnen Sie nun die Monate chronologisch an. Die Anordnung erfolgt entweder per Drag & Drop oder durch Nutzung der Pfeiltasten.

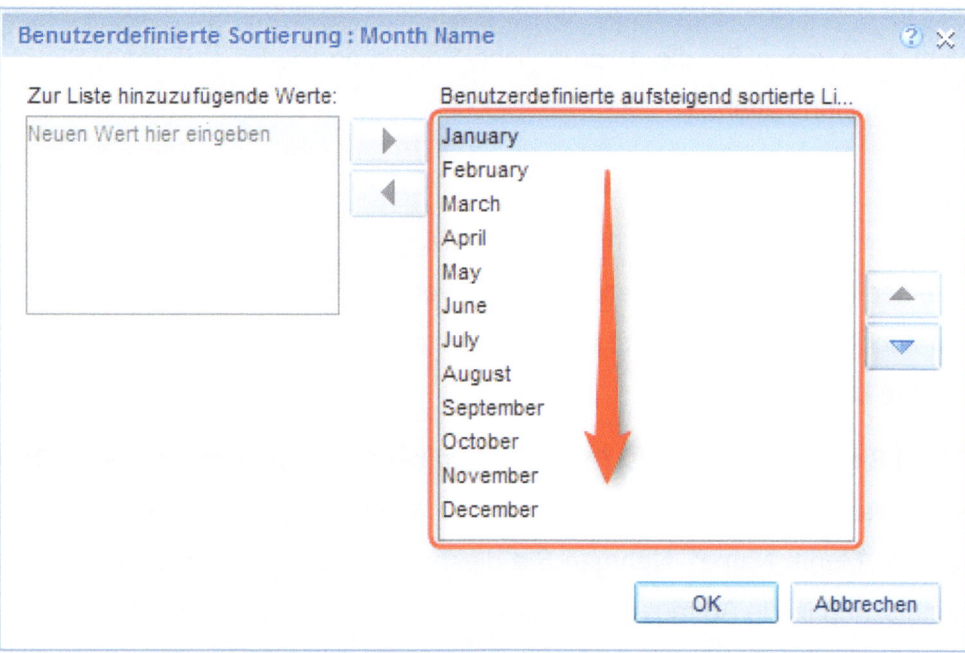

14) Bestätigen Sie Ihre Anordnung durch Klicken auf „OK".

15) Nun sollte Ihre Tabelle die notwendigen Informationen in der gewünschten Form aufweisen.

Year	Month Name	Margin
2006	January	$2,881
2006	February	$697
2006	March	$5,920
2006	April	$1,126
2006	May	$1,487
2006	June	$1,416
2006	July	$1,863

16) Speichern Sie den Bericht anschließend in Ihrem persönlichen Bereich („Meine Favoriten") unter dem Namen „Sortierung".

HINWEIS: Eine einmal erstellte benutzerdefinierte Sortierung auf eine Dimension gilt automatisch für den gesamten Bericht. D.h. wenn Sie dieselbe Dimension noch an einer anderen Stelle des Dokuments verwenden, wird sie auch dort angewandt. Das gilt selbst dann, wenn Sie die ursprüngliche Sortierung wieder entfernen. Sie bleibt an der Dimension haften.

HINWEIS: An dieser Stelle bietet es sich an, auf die Möglichkeit der **Ausblendung von Spalten** einer Tabelle hinzuweisen. Da im Universum nicht nur die Monatsnamen, sondern auch die Nummern des Monats enthalten sind, wäre im konkreten Fall eine alternative Lösung möglich:

Führen Sie die Schritte 1 bis 7 so wie oben beschrieben in einem neuen Dokument aus – bearbeiten Sie nicht das bestehende, denn dort „haftet" die Sortierung ja bereits am „Month Name". Nehmen Sie dieses Mal zusätzlich die Dimension „Month" (Monatszahl) in die Abfrage auf (Klasse „Time Period": Dimension „Month").

Sie sollten dann nun folgende Tabelle vor sich sehen:

Year	Month	Month Name	Margin
2006	1	January	$2,881
2006	2	February	$697
2006	3	March	$5,920
2006	4	April	$1,126
2006	5	May	$1,487
2006	6	June	$1,416
2006	7	July	$1,863
2006	8	August	$488
2006	9	September	$2,318
2006	10	October	$5,210
2006	11	November	$1,177
2006	12	December	$410
2005	1	January	$657
2005	2	February	$352
2005	3	March	$2,438
2005	4	April	$1,073

Grundsätzlich werden in Web Intelligence die Dimensionen von links nach rechts aufsteigend sortiert. Die Sortierung für das Jahr haben Sie in der Übung übersteuert, deswegen ist sie absteigend. Stünde der „Month Name" an zweiter und der „Month", also die Monatsnummer, an dritter Stelle, wäre die automatische Sortierung von Web Intelligence wie folgt:

Year	Month Name	Month	Margin
2006	April	4	$1,126
2006	August	8	$488
2006	December	12	$410
2006	February	2	$697
2006	January	1	$2,881
2006	July	7	$1,863
2006	June	6	$1,416
2006	March	3	$5,920
2006	May	5	$1,487
2006	November	11	$1,177
2006	October	10	$5,210
2006	September	9	$2,318
2005	April	4	$1,073
2005	August	8	$587
2005	December	12	$2,711
2005	February	2	$352

Dies aber nur als Hintergrundwissen. Bleiben wir bei dem vorherigen Bild, also dem, wo zunächst die Monatszahl und dann der Monatsname steht. Im Grunde enthält diese Tabelle bereits die gewünschte Sortierung, nur stört noch die Spalte mit der Monatszahl. Diese können Sie über das Kontextmenü, also per Rechtsklick (oder über den Reiter „Berichtselement" \ „Verhalten") ausblenden:

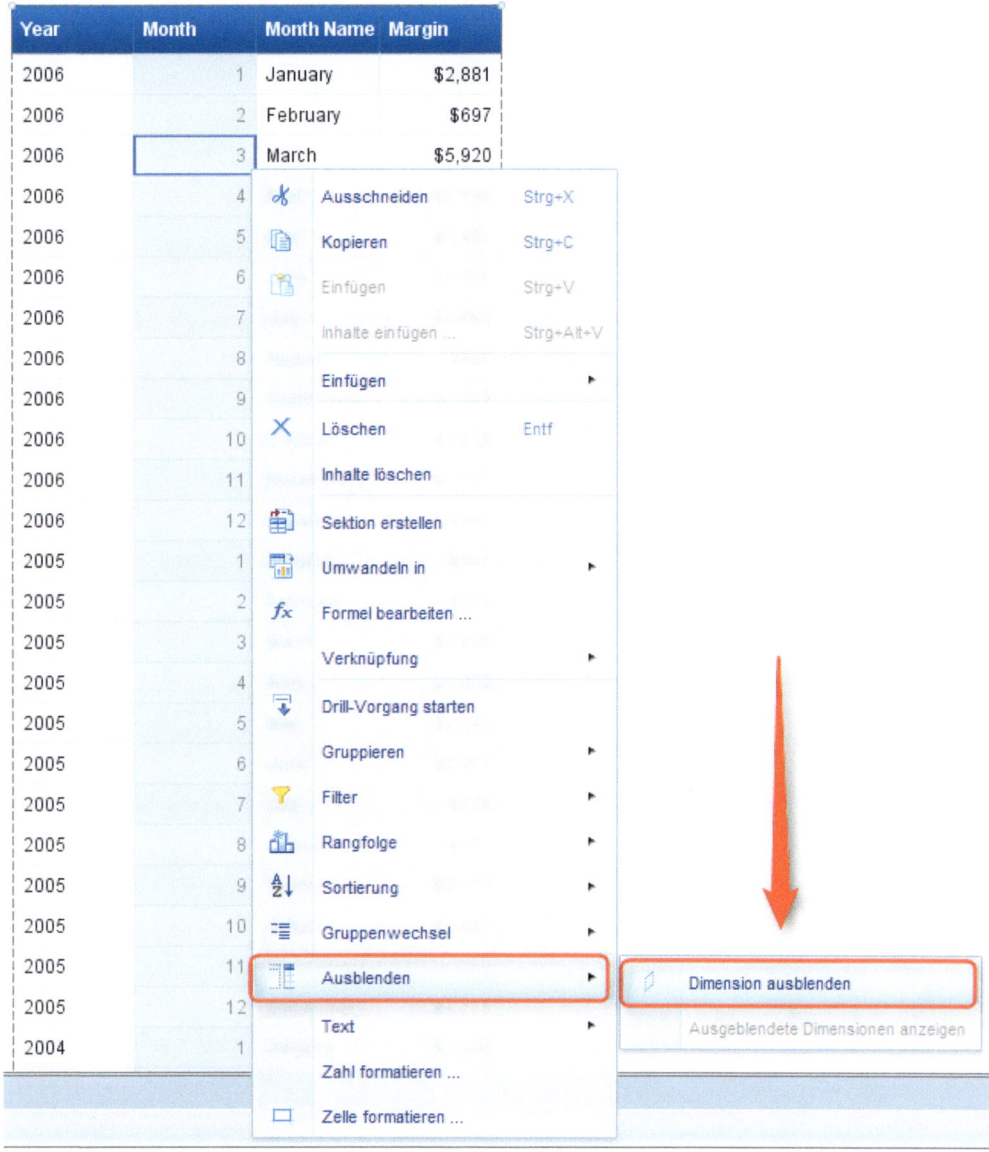

Das Ergebnis sieht dann wieder wunschgemäß wie folgt aus:

Year	Month Name	Margin
2006	January	$2,881
2006	February	$697
2006	March	$5,920
2006	April	$1,126
2006	May	$1,487
2006	June	$1,416
2006	July	$1,863

9.1.2 Rangfolge

Aufgabenstellung

Für die in der vorherigen Aufgabe ausgewählte Produktlinie wollen Sie nun die drei Staaten mit dem höchsten Gewinn in den gesamten Vereinigten Staaten anzeigen.

Dazu sind folgende Schritte notwendig:

- Öffnen eines gespeicherten Berichtes

- Ansetzen der Rangfolge

- Bestimmen der Rangfolgeparameter

Vorgehensweise

1) Öffnen Sie zunächst den Bericht „Sortierung" (Kapitel 9.1.1) und schaffen Sie somit die Grundlage für diese Aufgabe.

2) Bearbeiten Sie den Datenprovider, indem Sie die Information „Month Name" im Bereich der Ergebnisobjekte entfernen und durch die Dimension „State" ersetzen.

3) Zusätzlich löschen Sie die Dimension „State" aus dem Bereich „Abfragefilter".

4) Führen Sie die Abfrage aus.

5) Ziehen Sie anschließend die neue Dimension per Drag & Drop in den Tabellenbereich zwischen den bereits vorhandenen Spalten.

6) Klicken Sie auf den äußersten Rand der Tabelle, wenn der Pfeil mit den vier Spitzen erschienen ist.

7) Über die Registerkarten „Analyse" und „Filter" gelangen Sie auf den Button „Rangfolge". Klicken sie auf „Rangfolge", um anschließend „Rangfolge hinzufügen…" auszuwählen.

8) Setzen Sie das Häkchen bei „Erste(r)" und stellen Sie sicher, dass lediglich die ersten drei Werte angezeigt werden.

9) Bestätigen Sie Ihre Eingabe durch Klicken auf „OK".

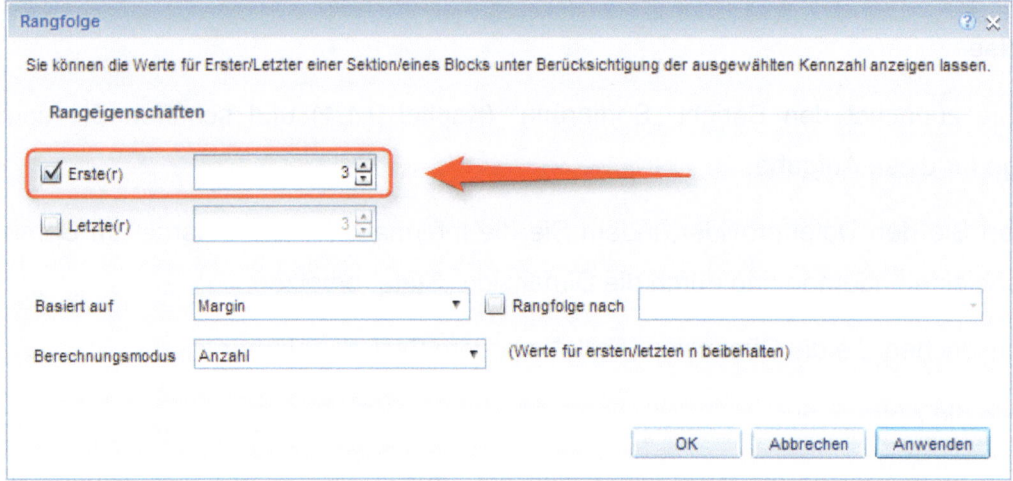

10) Setzen Sie nun ein Häkchen bei „Rangfolge nach" und wählen Sie „State" aus, sodass die drei ertragsstärksten Staaten in Bezug auf dieses Produkt ausgewiesen werden.

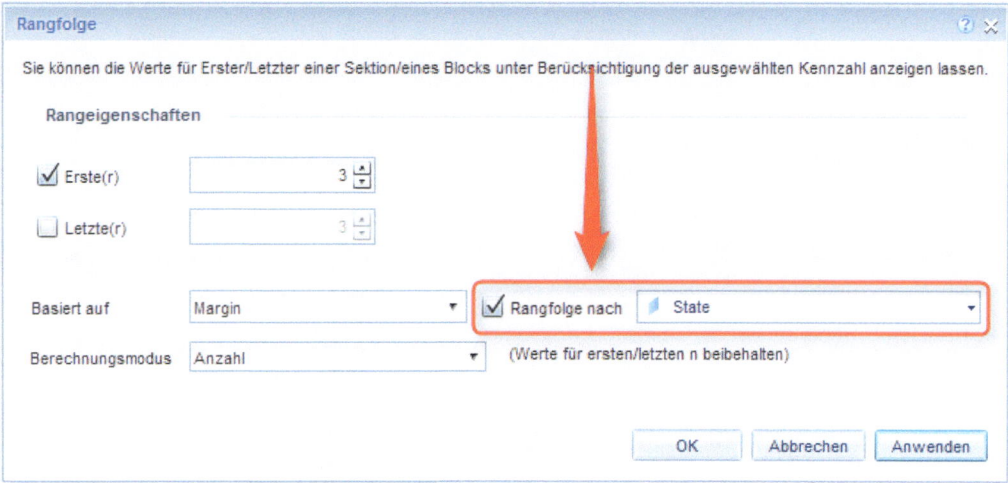

Nun erhalten Sie folgenden Bericht:

Year	State	Margin
2006	Texas	$39,474
2005	Texas	$26,264
2004	Texas	$19,455
2006	California	$24,991
2005	California	$20,702
2004	California	$18,010
2006	New York	$22,715
2005	New York	$22,449
2004	New York	$12,599

HINWEIS: Beachten Sie, dass Sie auch eine Rangfolge per Rechtsklick anlegen können. Hierzu beliebig in die Tabelle per Rechtsklick klicken, „Rangfolge" auswählen und entweder auf „Rangfolge hinzufügen…" oder auf „Rangfolge bearbeiten…" klicken.

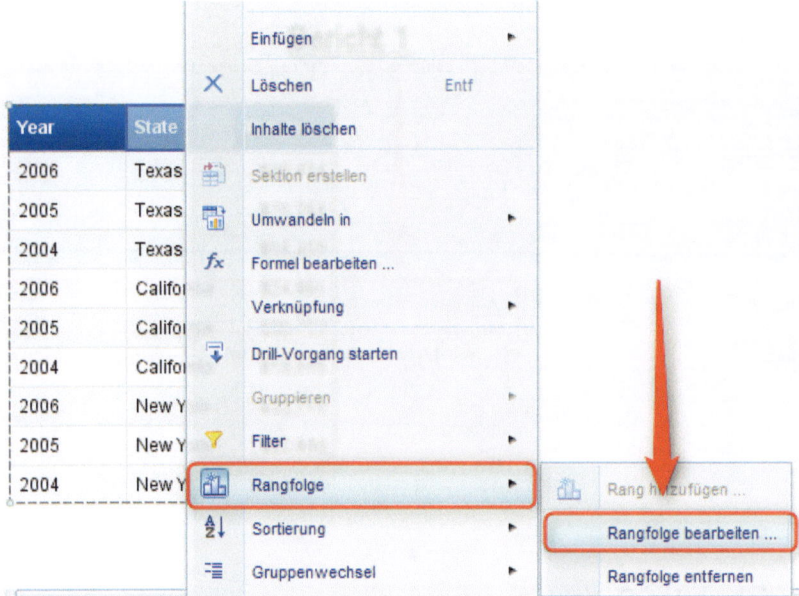

11) Speichern Sie den Bericht anschließend in Ihrem persönlichen Bereich („Meine Favoriten") unter dem Namen „Rangfolge".

9.2 Zusammenfassung

Sortierung

Die Sortierung bewirkt eine konkrete Reihenfolge der anzuzeigenden Ergebnisse, ungeachtet der Tatsache, ob es sich bei dem Objekt um eine Dimension, um eine Information oder um eine Kennzahl handelt. Bei der Konfiguration der Sortierung kann durch klicken auf die Option „Erweitert..." eine manuelle Sortierung erzeugt werden. Somit besteht die Möglichkeit, neben den gängigen Sortierungen „Aufsteigend" und „Absteigend", auch eine benutzerdefinierte Anordnung herbeizuführen. Zudem können auch mehrere Sortierungen kombiniert werden, um die Lesbarkeit der Daten bedarfsgerecht zu erstellen.

Rangfolge

Im Rangfolgeneditor können differenzierte Einstellungen vorgenommen werden, um den Bericht an die Benutzeranforderungen anzupassen. Zunächst einmal erfolgt die Rangfolge auf Basis einer Kennzahl, die darauf näher spezifiziert werden kann, indem sie nach einer Dimension bestimmt wird. Außerdem besteht die Möglichkeit lediglich die ersten oder die letzten Ergebnisse anzeigen zu lassen, um die Resultate eingrenzen zu können und somit die Grundlage für Interpretationen und weitgreifende Entscheidungen zu schaffen. Als Zusatzpunkt kann der Anwender das Ergebnis als Anzahl, Prozent, kumulative Summe oder kumulative Prozent generieren lassen. Somit dient diese Funktion zur Bestimmung einer Rangordnung und zur Begrenzung der Anzeige auf die wesentlichen Ergebnisse.

9.3 Vertiefendes Anwendungswissen

9.3.1 Rangfolge Einschränkung

Im Rahmen der Einstellungsmöglichkeiten von Rangfolgen wird dem Anwender die Möglichkeit geboten, die gewünschte bzw. erforderliche Rangordnung in Abhängigkeit von Dimensionen einzuschränken.

So erfolgt die Rangordnung im folgenden Beispiel auf Grundlage der Absatzzahlen, sodass lediglich die drei Staaten mit den höchsten Absatzmengen der jeweiligen Geschäftsjahre angezeigt werden.

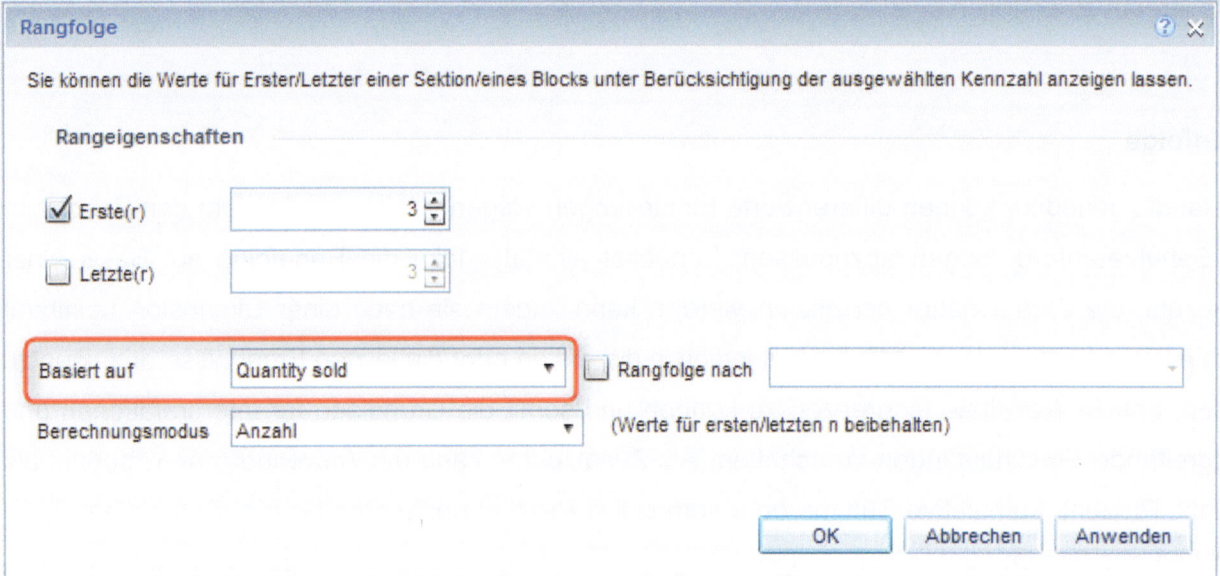

Year	State	Lines	Quantity sold
	Texas	City Skirts	366
2006	New York	City Skirts	252
	California	City Skirts	246
	Texas	City Trousers	256
2005	New York	City Trousers	194
	Texas	City Skirts	133
	Texas	City Trousers	151
2004	New York	City Trousers	146
	Texas	City Skirts	71

Fügen Sie als Anwender jedoch eine Dimension als Einschränkungsparameter für die Rangfolge ein, so erfolgt die Rangfolge innerhalb dieser Dimension:

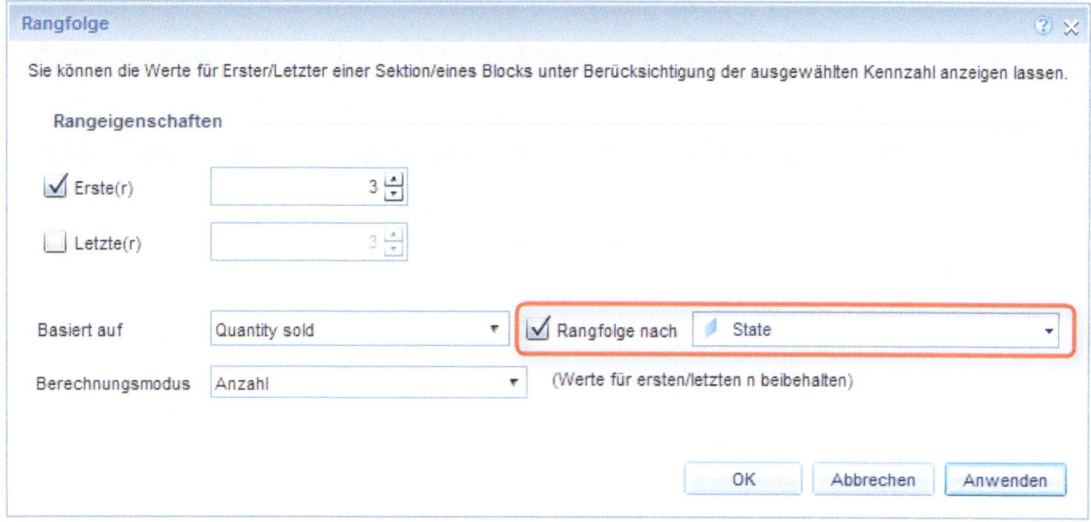

Year	State	Lines	Quantity sold
2006	Texas	City Skirts	366
	Texas	City Trousers	130
	New York	City Skirts	252
	New York	City Trousers	169
	California	City Skirts	246
	California	City Trousers	103
2005	Texas	City Skirts	133
	Texas	City Trousers	256
	New York	City Skirts	129
	New York	City Trousers	194
	California	City Skirts	96
	California	City Trousers	111
	Texas	City Skirts	71

Der wesentliche Unterschied bei den beiden aufgezeigten Optionen ist, dass im 1. Beispiel die drei größten Absatzmengen angezeigt werden, wobei Staat und Produktlinie unberücksichtigt bleiben. Beim 2. Beispiel erfolgt die Rangfolge auf Grundlage der Staaten, sodass die drei Staaten mit den höchsten Absatzmengen (insgesamt) angezeigt und dabei noch die einzelnen Produktlinien abgebildet werden.

## 10.	Funktion, Formel, Variable und Referenz

In diesem Kapitel werden die verschiedenen Möglichkeiten zur Verarbeitung der vorhandenen Daten näher beschrieben. Mit Hilfe von Funktionen, Formeln, Referenzen und der Bestimmung von Variablen können Werte benutzerspezifisch angelegt und die Informationen erweitert werden. Gefahr hierbei ist, dass durch den Einsatz von Funktionen, Formeln und Variablen Ergebnisse auch manipuliert werden können.

10.1 Praktische Einführung

- Funktion

- Formel

- Variable

- Referenz

10.1.1 Funktion

Funktionen sind in Webl vordefinierte Verarbeitungs- oder Berechnungsanweisungen von Daten.

Aufgabenstellung

Sie möchten den Gewinn für den Staat „Illinois" für das Geschäftsjahr „2006" auf Quartalsbasis ausweisen. Hierzu möchten Sie auch den gesamten Gewinn sowie die prozentuale Verteilung auf die Quartale angezeigt bekommen.

Dazu gehen Sie wie folgt vor:

- Aufrufen des Abfrageeditors

- Identifizierung der relevanten Objekte

- Definieren der Filterung

- Ausführen der Datenabfrage

- Bestimmen und Anwenden der Funktion

Vorgehensweise

1) Rufen Sie den Abfrageeditor auf, indem Sie in der Navigationsleiste auf „Datenzugriff" und anschließend auf „Bearbeiten" klicken.

2) Identifizieren Sie nun die entsprechenden Objekte.

    - Klasse „Store":   Dimension „State" (Staat)

    - Klasse „Time Period":   Dimension „Quater" (Quartal)

    - Klasse „Measures":   Kennzahl „Margin" (Gewinn)

Ziehen Sie nacheinander die relevanten Elemente per Drag & Drop in den Bereich der „Ergebnisobjekte", um den Datenprovider zu bestimmen.

3) Identifizieren Sie nun die entsprechenden Objekte als Abfragefilter

    - Klasse „Store":   Dimension „State" (Staat)

    - Klasse „Time Period":   Dimension „Year" (Jahreszahl)

Ziehen Sie nacheinander die relevanten Elemente per Drag & Drop in den Bereich „Abfragefilter", um den Datenprovider weiter einzuschränken

Legen Sie als Filter für das Jahr „2006" fest und wählen Sie für den Staat „Illinois" aus.

4) Führen Sie die Datenabfrage aus.

5) Klicken Sie beliebig in eine Zelle.

6) Navigieren Sie über „Analyse" und „Funktionen" zu „Summe" und wählen Sie dort „Summe" aus, sodass an dieser Stelle ein Häkchen gesetzt wird.

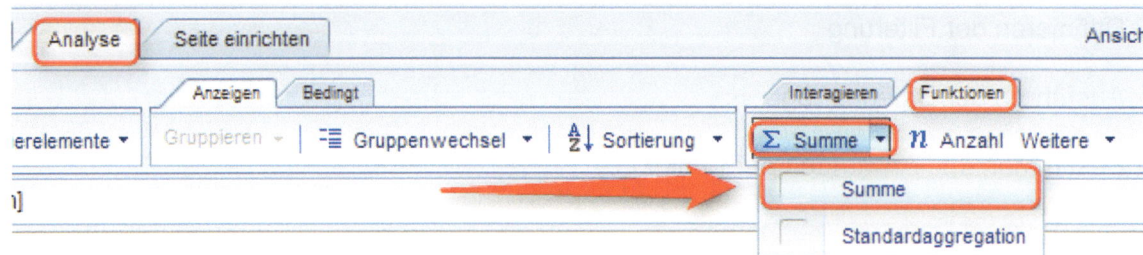

7) Um nun auch die prozentuale Verteilung angezeigt zu bekommen, klicken Sie unter derselben Karte auf „Weitere" und anschließend auf „Prozent", sodass hier ebenfalls ein Häkchen erscheint.

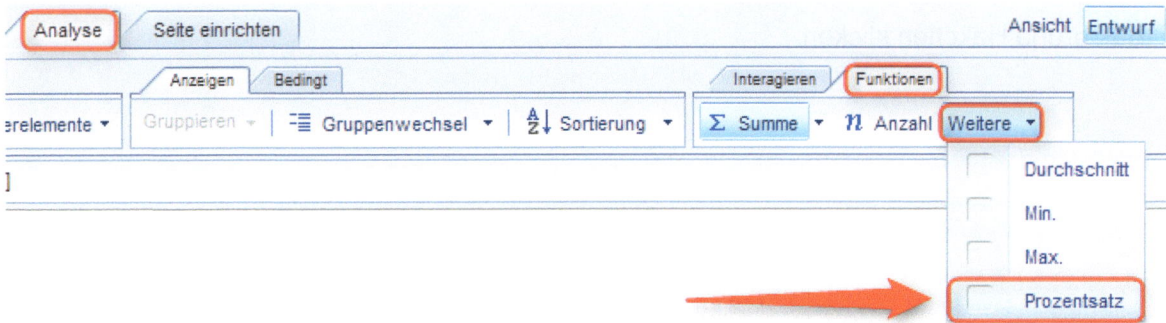

HINWEIS: Eine Funktion kann auch per Rechtsklick hinzugefügt werden. Dabei klicken Sie beliebig in die Tabelle und erzeugen über „Einfügen" und der jeweiligen „Funktion" das entsprechende Ergebnis. Beachten Sie hierbei, dass durch das Klicken in die Tabelle bereits die Zuordnung erfolgt, sodass die Funktion auf die ausgewählte Spalte angewendet wird.

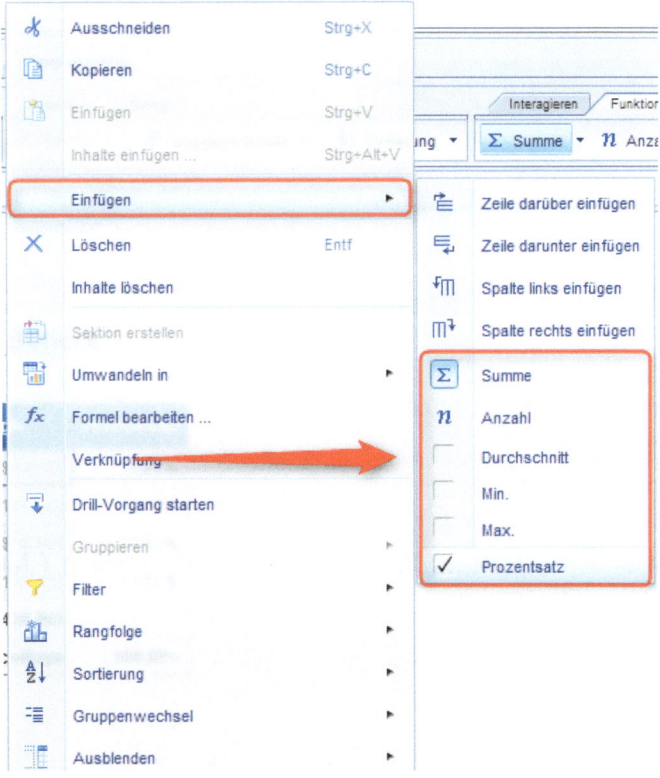

8) Klicken Sie per Doppelklick in den Tabellenkopf der neu entstandenen Spalte.

9) Tippen Sie in das leere Feld „Margin %" ein und validieren Sie Ihre Eingabe, indem Sie auf das grüne Häkchen klicken.

Ihr Bericht sollte nun die folgenden Ergebnisse anzeigen:

State	Quarter	Margin	Margin %
Illinois	Q1	$93,109	21.17%
Illinois	Q2	$146,466	33.30%
Illinois	Q3	$96,860	22.02%
Illinois	Q4	$103,430	23.51%
	Sum:	$439,865	
	Percentage:	100.00%	

10) Speichern Sie den Bericht anschließend in Ihrem persönlichen Bereich („Meine Favoriten") unter dem Namen „Funktion".

10.1.2 Formel

Mit Formeln können Sie vom Datenprovider bereitgestellte Daten (Datum, Zeichenfolgen und Zahlen) nach individuellen Anforderungen anpassen, verketten oder weitere Berechnungen hinzufügen. Eine Formel beginnt immer mit einem „="-Zeichen.

Aufgabenstellung

Sie möchten den ermittelten Gewinn nicht in Dollar $, sondern in Euro € angezeigt bekommen. Sie gehen dabei von einem statischen Dollarkurs von 1,37 $ = 1,00 € (Stand: April 2014) aus.

Dazu gehen Sie wie folgt vor:

- Öffnen eines gespeicherten Berichtes

- Aufrufen des Formeleditors

- Definieren der Formel

- Anwenden der Formel

Vorgehensweise

1) Öffnen Sie zunächst den Bericht „Funktion" (Kapitel 10.1.1) und schaffen Sie somit die Grundlage für diese Aufgabe.

2) Klicken Sie in eine beliebige Zelle in der Spalte „Margin".

3) Rufen Sie anschließend den Formeleditor auf, indem Sie auf folgendes Symbol klicken:

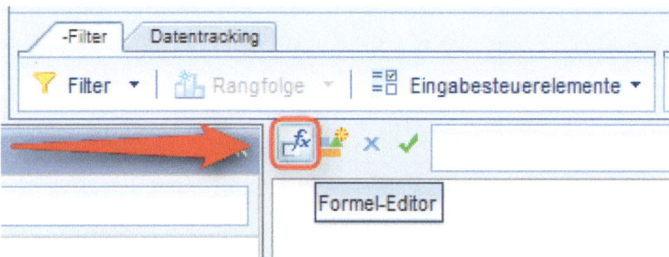

4)   Gehen Sie in den Formelbereich und fügen Sie das Symbol der Division, sowie den Wert „1.37" hinzu.

> HINWEIS: Beachten Sie bei der Eingabe von Werten, dass sich die englische Schreibweise von der deutschen unterscheidet. Punkt und Komma sind dabei vertauscht. Die Abweichungen sehen wie folgt aus:

Englisch	vs.	Deutsch
1,000		1.000
1.37		1,37

5)   Validieren Sie die Formel durch Klicken auf das grüne Häkchen und bestätigen Sie Ihre Eingabe, indem Sie auf „Ok" klicken.

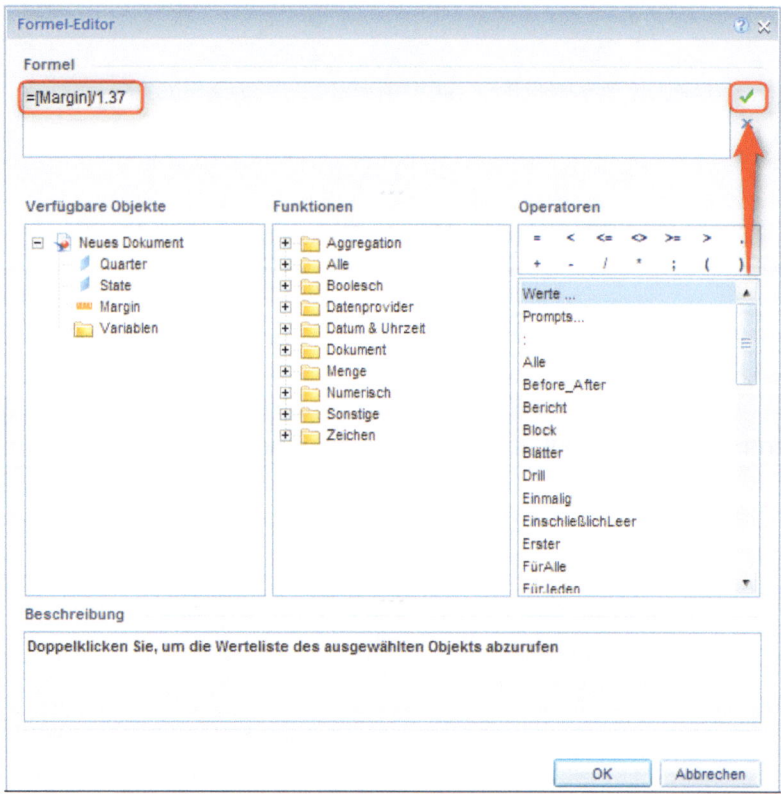

6)   Nun wurden die Werte zwar angepasst, das Format stimmt jedoch noch nicht überein, denn die Angabe $ liegt noch vor.

Navigieren Sie hierzu über die Registerkarten „Format" und „Zahlen" und ändert Sie das Format von „STANDARD" in das nachstehend abgebildete Format ab.

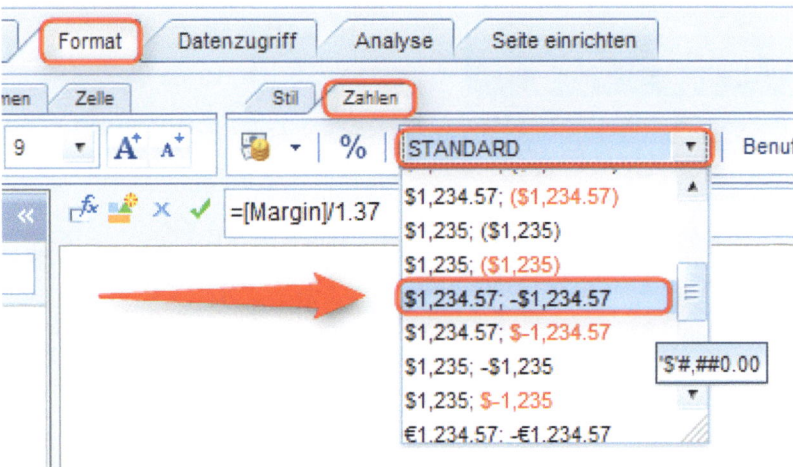

HINWEIS: Per Rechtsklick und dann auf „Zahl formatieren…" können ebenfalls Formatierungskonfigurationen vorgenommen werden. Sobald das Formatierungsfenster erschienen ist, müssen Sie lediglich auf „Währung" klicken und dann das jeweilige Format auswählen.

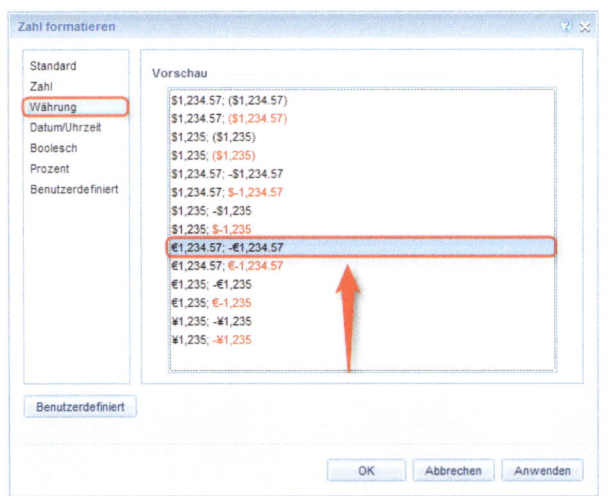

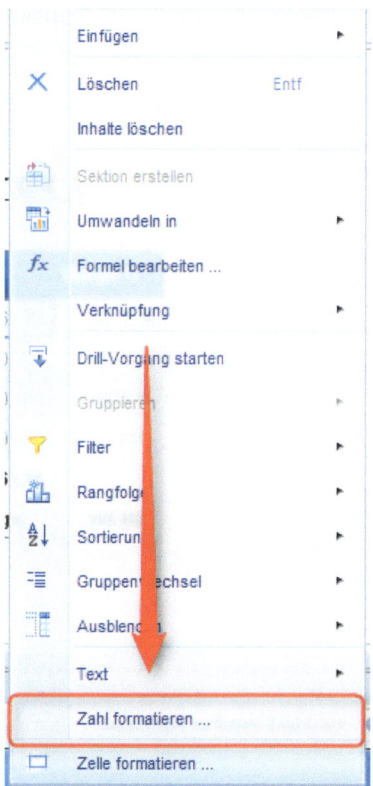

7) Klicken Sie in die Zelle der Summe und führen Sie die Formatierungsänderung auch hier durch.

Infolgedessen sollte Ihr Bericht folgende Gestalt angenommen haben:

State	Quarter	Margin	Margin %
Illinois	Q1	€67,962.92	21.17%
Illinois	Q2	€106,909.78	33.30%
Illinois	Q3	€70,700.51	22.02%
Illinois	Q4	€75,496.13	23.51%
Sum:		€321,069.34	
		Percentage:	100.00%

8) Speichern Sie den Bericht anschließend in Ihrem persönlichen Bereich („Meine Favoriten") unter dem Namen „Formel".

10.1.3 Variable

Bei Variablen handelt es sich um gespeicherte Formeln, sodass diese an verschiedenen Stellen eines Berichts verwendet werden können. Eine Variable kann auch mit statischen Werten belegt werden. Dies hat den Vorteil, dass in einem Bericht, indem die Variable anstelle des statischen Wertes benutzt wird, dieser Wert bei einer Anpassung nur an einer Stelle geändert werden muss.

Aufgabenstellung

Der nun ermittelte Gewinn wird zwar in Euro € ausgewiesen, es handelt sich hierbei jedoch um die Bruttoangaben, die die Mehrwertsteuer noch berücksichtigen. Da Sie jedoch für weitere Berichte mit den Nettobeträgen weiterarbeiten müssen, muss der Gewinn entsprechend umgewandelt werden.

Dazu gehen Sie wie folgt vor:

- Öffnen eines gespeicherten Berichtes

- Aufrufen des Dialogfeldes zur Erstellung einer Variable

- Definieren der Variable

- Anwenden der Variable

Vorgehensweise

1) Öffnen Sie zunächst den Bericht „Formel" und schaffen Sie somit die Grundlage für diese Aufgabe.

2) Klicken Sie auf folgendes Symbol zum Erstellen einer Variable:

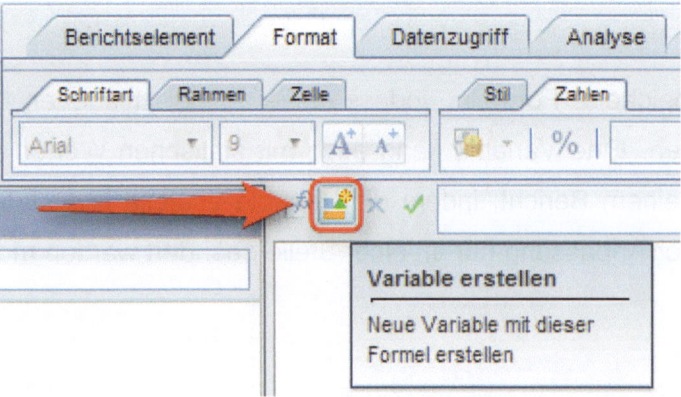

3) Geben Sie als Name für die Variable „Margin Netto" ein.

4) Per Doppelklick auf „Margin" im Bereich „Verfügbare Objekte" wird dieser automatisch im Bereich „Formel" hinzugefügt.

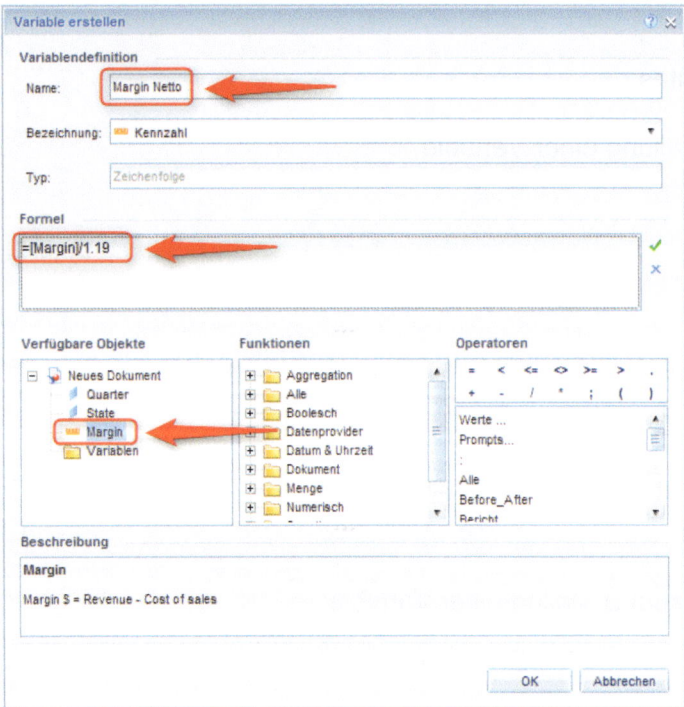

5) Ziehen Sie die neue erstellte Variable per Drag & Drop in die Tabelle.

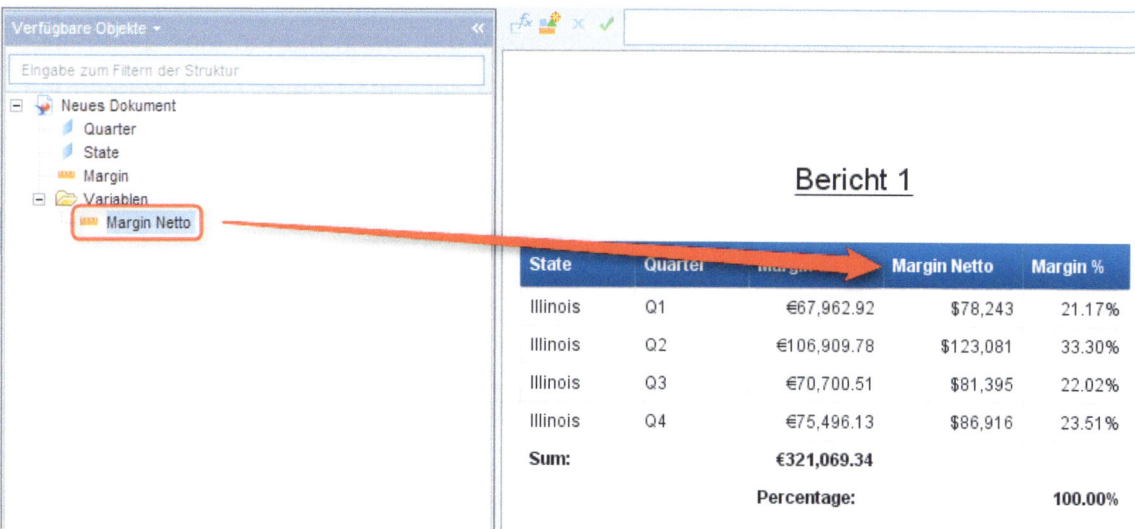

6) Wie im vorherigen Abschnitt, ändern Sie die Werte in € Angaben, formatieren Sie alles entsprechend und geben Sie ebenfalls die Summe für den Nettogewinn an.

Nun sollte ihre Tabelle wie folgt aussehen:

State	Quarter	Margin	Margin Netto	Margin %
Illinois	Q1	€67,962.92	€57,112	21.17%
Illinois	Q2	€106,909.78	€89,840	33.30%
Illinois	Q3	€70,700.51	€59,412	22.02%
Illinois	Q4	€75,496.13	€63,442	23.51%
	Sum:	€321,069.34	€269,806	
	Percentage:			100.00%

7) Speichern Sie den Bericht anschließend in Ihrem persönlichen Bereich („Meine Favoriten") unter dem Namen „Variable".

10.1.4 Referenz

Üblicherweise funktioniert Webl nach dem Blockprinzip, d.h. wenn man in eine Zelle einer Spalte klickt, markiert man damit automatisch immer gleich die gesamte Spalte. Die Adressierung einzelner Zellen, Standard bei Excel, ist im Konzept von Webl eigentlich nicht vorgesehen. Referenzen dienen dazu, dieses „Manko" zu beseitigen.

Aufgabenstellung

Sie möchten den Umsatz (Sales Revenue) der einzelnen Bundestaaten jeweils mit dem von Kalifornien (California) vergleichen.

Dazu gehen Sie wie folgt vor:

- Öffnen eines gespeicherten Berichtes

- Referenz anlegen

- Referenzwert mit Zeilenwert vergleichen

Vorgehensweise

1) Öffnen Sie zunächst den Bericht „Geographische Visualisierung" (Kapitel 7.1.4) und schaffen Sie somit die Grundlage für diese Aufgabe. (Alternativ können Sie auch schnell einen neuen Bericht mit der Dimension „State" und der Kennzahl „Sales Revenue" erstellen.)

2) Klicken Sie anschließend mit der rechten Maustaste auf den Umsatz (Sales Revenue) von Kalifornien und wählen im erscheinenden Kontextmenü den Punkt „Referenz zuordnen":

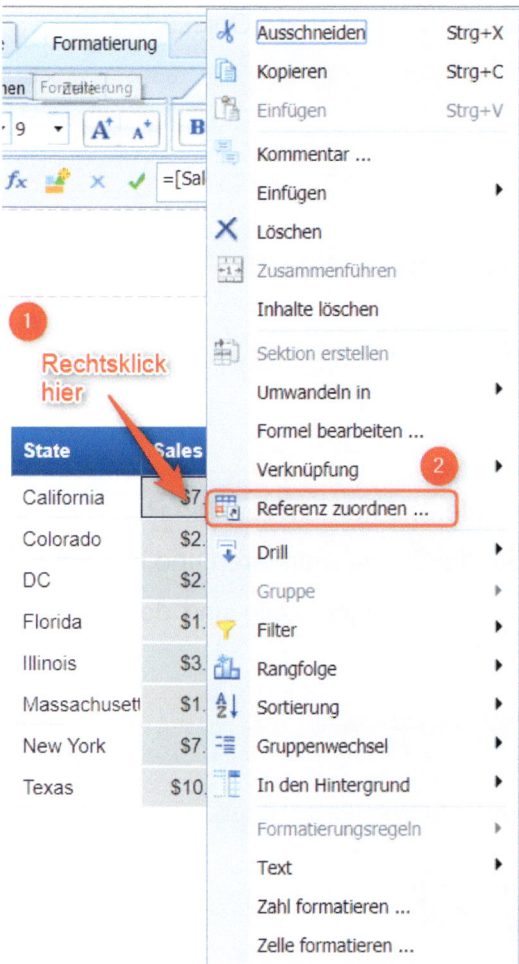

3) Benennen Sie die Referenz mit einem sprechenden Namen:

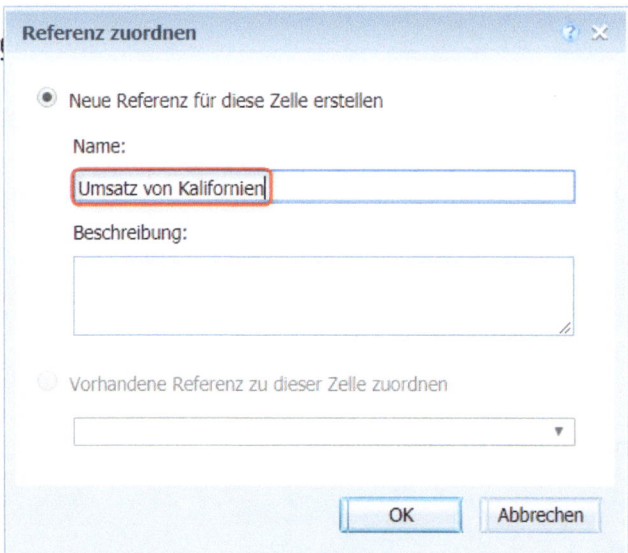

4) Die erstellte Referenz erscheint nun links im Bereich „Verfügbare Objekte":

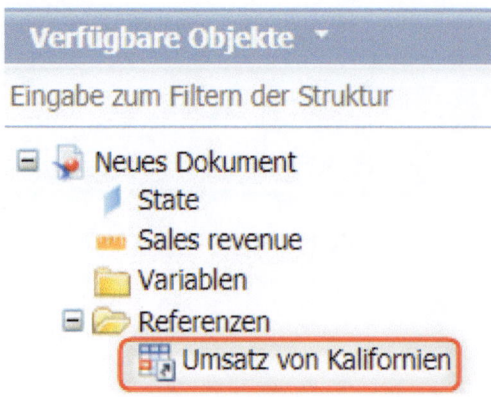

5) Wie jedes andere Objekt, so können Sie die Referenz nun am rechten Rand der bestehenden Tabelle ablegen. Anschließend können Sie die Spalte markieren und in einer Formel die Differenz zwischen dem Umsatz des Staats der jeweiligen Zeile und dem von Kalifornien ausweisen:

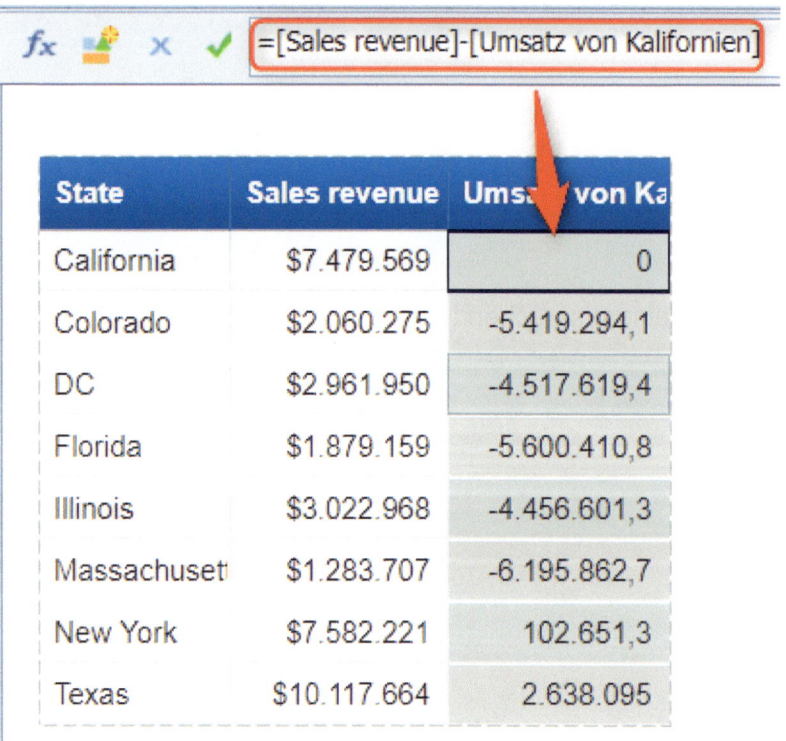

6) Sichern Sie das Dokument unter dem Namen „Referenz".

HINWEIS: Im Bereich „Vertiefendes Anwendungswissen" zu diesem Kapitel finden Sie „Hilfreiche Operatoren bei Formelanwendungen" (10.3.1). Dort nicht aufgeführt ist die **WO-Funktion**, obwohl sie ebenfalls ein solcher hilfreicher Operator ist. Der Grund ist, dass diese WO-Funktion von ihrem Zweck her sehr ähnlich einer Referenz ist und es sich von daher anbietet, sie an dieser Stelle vorzustellen.

Statt die Referenz so anzulegen, wie wir dies oben getan haben, hätten wir auch folgende Formel schreiben können:

=[Sales revenue] Wo ([State]="California")

Mit der folgenden Formel würde man also die oben dargestellte Differenz erhalten:

=[Sales revenue]-[Sales revenue] Wo ([State]="California")

Das soll jedoch die Bedeutung von Referenzen nicht schmälern, denn sie vereinfachen die Arbeit insbesondere bei einer Vielzahl von enthaltenen Dimensionen erheblich.

10.2 Zusammenfassung

Funktion

Mit Hilfe des Schnellzugriffs der gängigsten mathematischen Gleichungen können Ergebnisse beliebig zusammengetragen und angezeigt werden. Die folgende Tabelle zeigt, welcher Prozess bei der Anwendung der Funktion erfolgt und automatisch in einer zusätzlichen Zeile/Spalte angegeben wird.

Funktion	Beschreibung
Summe	Addition sämtlicher vorhandener Kennzahlen
Anzahl	Angabe der vorhandenen Werte
Durchschnitt	Mittelwert der vorhandenen Werte
Min.	Kleinster Wert aus den Ergebnissen
Max.	Größter Wert aus den Ergebnissen
Prozentsatz	Relativer Anteil eines Wertes

Diese Funktionen finden am häufigsten Verwendung beim Zusammentragen von Ergebnissen, spiegeln jedoch nur einen geringen Bruchteil der tatsächlich anwendbaren Funktionen wider.

Formel

Die Formel stellt eine Kombination aus Objekt, Funktion und Operator dar. Durch die unzähligen Kombinationsmöglichkeiten ergibt sich eine immense Vielzahl von Formelanwendungen. Im Formeleditor können die Objekte und Funktionen über Operatoren miteinander verknüpft werden, sodass sich daraus die entsprechende Formel ergibt und das erforderliche Ergebnis generiert werden kann.

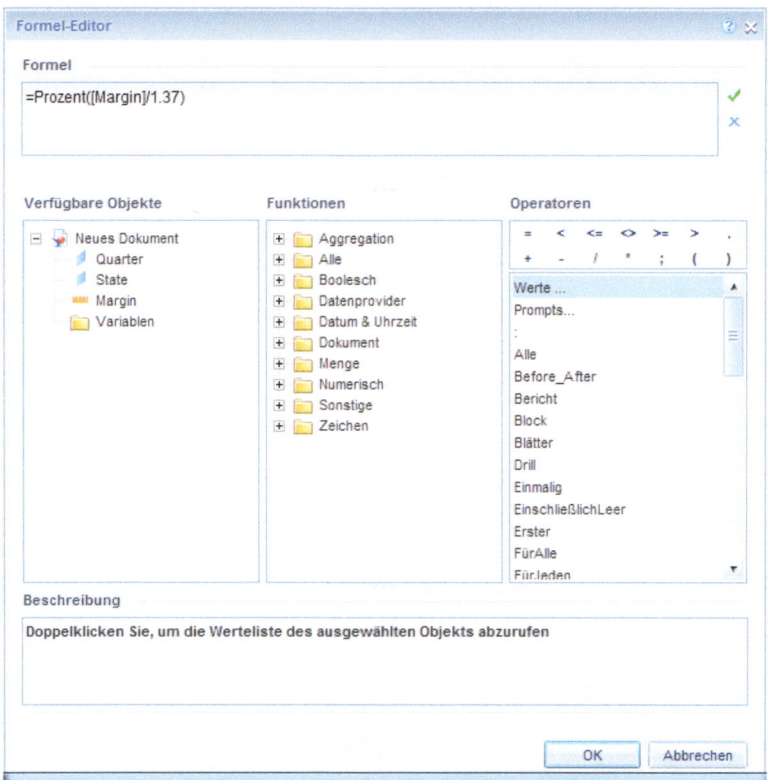

Durch die Definition von Formeln wird dem Anwender die Möglichkeit eingeräumt die Resultate aus dem Datenprovider benutzerspezifisch zu verändern und zu manipulieren.

Jede Formel beginnt mit einem Gleichheitszeichen, damit WebI erkennt, dass eine Berechnungsanweisung folgt. Mit den entsprechenden Operatoren kann die Formel beliebig erweitert und konfiguriert werden.

Variable

Die Variable dient zur Speicherung einer Formel, indem diese angelegt und für die weitere Verwendung bei der Berichterstellung herangezogen werden kann.

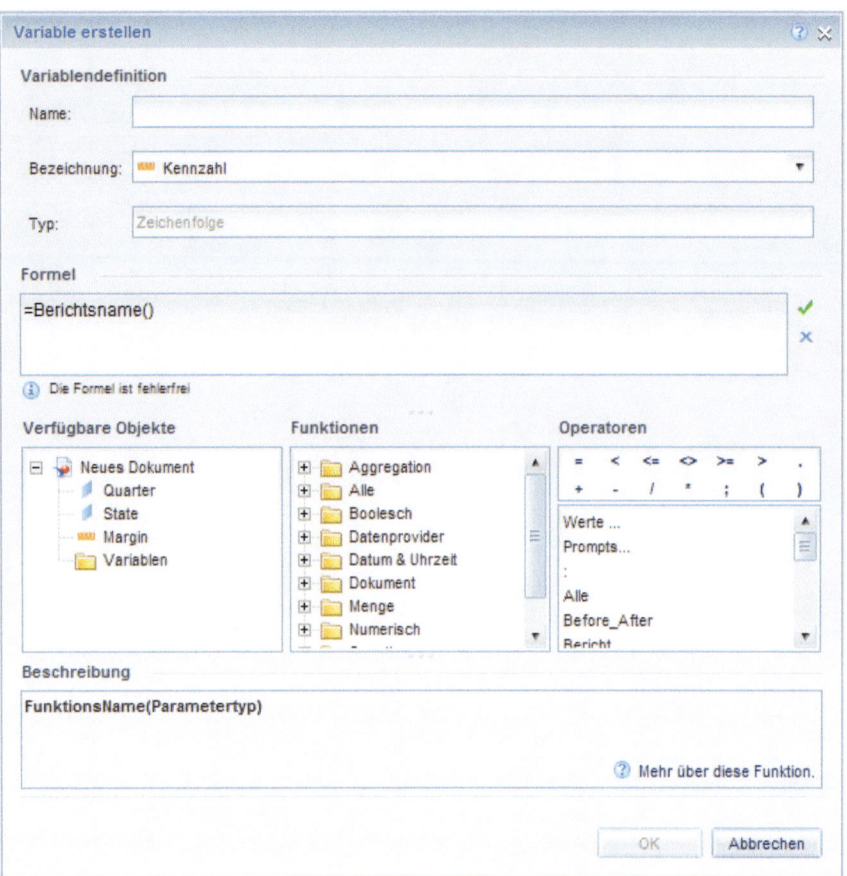

Mit dem „Namen" legt man den Titel der Variablen fest, der etwas über die beinhaltete Berechnungsanweisung aussagen sollte. Mit der „Bezeichnung" wird definiert, ob es sich um eine Dimension, eine Kennzahl oder einer Information handelt. Der „Typ" bezieht sich auf den mit der Variablen definierten Rückgabewert (Datum, Zeichenfolge, Zahl). Im Feld „Formel" findet sich die eigentliche technische Anweisung. Die Formel kann aus den darunter angegebenen Komponenten bestehen, also einer Kombination aus Objekten, Funktionen und Operatoren als Bindeglieder. Die neu angelegte Variable kann nun entweder zur Erweiterung des Berichts oder zur Bestimmung weiterer Variablen verwendet werden.

10.3 Vertiefendes Anwendungswissen

10.3.1 Hilfreiche Operatoren bei Formelanwendungen

Von zentraler Bedeutung für das Verständnis von Formeln und Variablen mit numerischem Rückgabewert ist der angewandte Berechnungskontext. Dieser ergibt sich automatisch aus den in einer Tabelle vorhandenen Dimensionen. Wenn Sie also in einer bestimmten Zeile einer Tabelle die Dimension Year und State haben und in der dritten Spalte den Umsatz (Sales Revenue), dann wird hier je Zeile automatisch der Sales Revenue des angezeigten Jahres und Bundesstaates gezeigt. Dies funktioniert übrigens, weil Kennzahlen i.d.R. eine „implizite" Aggregationsfunktion, meistens „Summe", haben.

Nun gibt es Fälle, in denen Sie den Berechnungskontext für die Kennzahl anders definieren wollen, als die automatische Festlegung dies vorsieht. Dafür gibt es die folgenden Operatoren:

- FürAlle

- FürJeden

- In

- In Bericht

FürAlle

Mit der Einbettung von „FürAlle" in der Formelzeile haben Sie als Anwender die Möglichkeit, eine Dimension zu ignorieren, um dementsprechend die Kennzahl auf einer höheren Ebene zu aggregieren. Somit können Sie die aggregierte Kennzahl für weitere Berechnungen berücksichtigen, ohne diese gesondert in Ihrem Bericht auszuweisen.

Beispiel:

Ihre Tabelle weist die Jahresangabe, die Bundesstaaten und Umsatzzahlen auf.

Year	State	Sales revenue
2004	California	$1,704,211
2004	Colorado	$448,302
2004	DC	$693,211
2004	Florida	$405,985
2004	Illinois	$738,224
2004	Massachusetts	$238,819
2004	New York	$1,667,696
2004	Texas	$2,199,677
2005	California	$2,782,680
2005	Colorado	$768,390
2005	DC	$1,215,158
2005	Florida	$661,250

Nun möchten Sie die Dimension Staat unberücksichtigt lassen und die Umsatzzahl auf Jahresebene aggregieren. Daher müssen Sie die Formeln für die Umsatzzahlen konfigurieren, indem Sie den Formeleditor aufrufen und die vorhandene Formel um „FürAlle([State])", gemäß der folgenden Abbildung, erweitern. Im Anschluss müssen Sie Ihre Eingabe validieren und bestätigen.

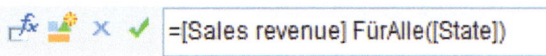
=[Sales revenue] FürAlle([State])

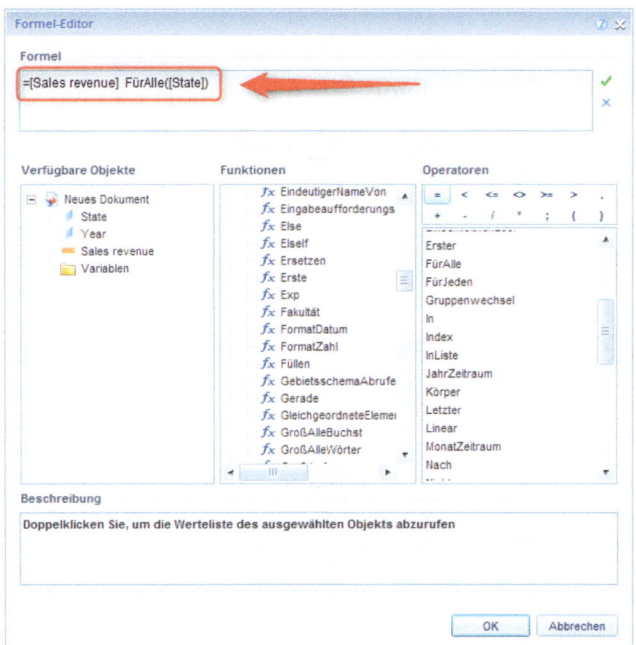

In dem nachstehenden Tabellenausschnitt wird ersichtlich, dass die Umsatzzahlen nun auf Jahresebene aggregiert werden, indem die Dimension Staat außer Acht gelassen wird. Demnach erfolgt die Aggregation auf einer höheren Ebene. Dieses Vorgehen können Sie z.B. für Durchschnittsberechnungen nutzen.

Year	State	Sales revenue
2004	California	$8,096,124
2004	Colorado	$8,096,124
2004	DC	$8,096,124
2004	Florida	$8,096,124
2004	Illinois	$8,096,124
2004	Massachusetts	$8,096,124
2004	New York	$8,096,124
2004	Texas	$8,096,124
2005	California	$13,232,246
2005	Colorado	$13,232,246
2005	DC	$13,232,246
2005	Florida	$13,232,246
2005	Illinois	$13,232,246

FürJeden

Mit dem Operator „FürJeden" erreichen Sie das genaue Gegenteil von „FürAlle". Damit können Dimensionen in Berechnungen berücksichtigt werden, ohne dass diese in der Tabelle vorhanden sind.

Beispiel:

Weist der Bericht beispielsweise lediglich die Umsatzzahlen in Bezug zu den entsprechenden Staaten auf, so kann die Aggregation dennoch auch die Jahresangaben berücksichtigen.

State	Sales revenue
California	$7,479,569
Colorado	$2,060,275
DC	$2,961,950
Florida	$1,879,159
Illinois	$3,022,968
Massachusetts	$1,283,707
New York	$7,582,221
Texas	$10,117,664

Da die Werte auch in Bezug auf die Geschäftsjahre zusammengetragen werden sollen, muss die Formel entsprechend konfiguriert werden. Hierzu muss die Formel für den Umsatz ergänzt werden, indem der Operator „FürJeden([Year])" hinzugefügt wird. Anschließend muss die Eingabe erneut validiert und bestätigt werden.

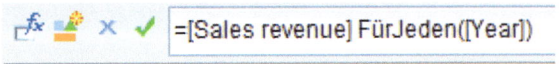

In der folgenden Tabelle zeigt sich nun, dass die Formel zwar syntaktisch korrekt ist, Ergebnisse jedoch nicht angezeigt werden können, da mehrfache Werte vorliegen. Dies ist darauf zurückzuführen, dass für die einzelnen Staaten in einer Zeile die Werte für mehrere Jahre angezeigt werden müssten.

State	Sales revenue
California	#MEHRFACHWERT
Colorado	#MEHRFACHWERT
DC	#MEHRFACHWERT
Florida	#MEHRFACHWERT
Illinois	#MEHRFACHWERT
Massachusetts	#MEHRFACHWERT
New York	#MEHRFACHWERT
Texas	#MEHRFACHWERT

Wir zeigen Ihnen dies, weil Sie ggf. in anderen Situationen auf die gleiche Fehlermeldung stoßen. Grundsätzlich ist das Problem immer dasselbe: Sie versuchen in einer Zelle mehrere Werte gleichzeitig darzustellen. Das kann übrigens auch passieren, wenn es faktisch nur einen Wert gibt, weil z.B. nur ein Jahr in Ihrer Abfrage enthalten ist, aber technisch mehrere Werte möglich sind.

Gehen Sie nicht davon aus, dass WebI auf Ihre tatsächlichen Daten schaut. Wie für ein Computerprogramm anzunehmen, schaut es immer auf die logischen Strukturen.

Um Sie aber nicht frustriert mit der Frage zurückzulassen, wozu FürJeden denn nun gut ist, hier noch eine sinnvolle Anwendung des Operators:

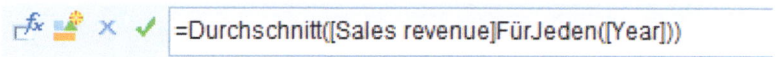

=Durchschnitt([Sales revenue]FürJeden([Year]))

Damit erhalten Sie im konkreten Fall die durchschnittlichen Umsätze eines Bundesstaats je Jahr, für das es Umsätze im jeweiligen Bundesstaat gab: (In unserem Beispiel sind Daten für die Jahre 2004 bis 2006 berücksichtigt.)

State	Avg. Sales revenue
California	$2,493,190
Colorado	$686,758
DC	$987,317
Florida	$626,386
Illinois	$1,007,656
Massachusei	$427,902
New York	$2,527,407
Texas	$3,372,555

In

Bei diesem Operator erfolgt die Aggregation nicht relativ zu den in der Tabelle enthaltenen Dimensionen, sondern auf die im Operator definierten Dimensionen.

Beispiel:

Wenn Sie in die Formel für die Umsatzzahlen „In([Year])" hinzufügen, werden die Resultate auf die Jahresdimension bezogen.

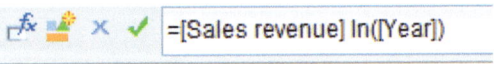

Im konkreten Beispiel ist das Ergebnis mit dem des Operators „FürAlle" identisch. Je nach Situation kann jedoch der Einsatz des einen oder des anderen sinnvoller sein.

Year	State	Sales revenue
2004	California	$8,096,124
2004	Colorado	$8,096,124
2004	DC	$8,096,124
2004	Florida	$8,096,124
2004	Illinois	$8,096,124
2004	Massachusetts	$8,096,124
2004	New York	$8,096,124
2004	Texas	$8,096,124
2005	California	$13,232,246
2005	Colorado	$13,232,246
2005	DC	$13,232,246
2005	Florida	$13,232,246
2005	Illinois	$13,232,246

In Bericht

Der Operator „In Bericht" abstrahiert die Aggregation der Werte auf höchster Ebene und lässt somit sämtliche Dimensionen unberücksichtigt. Beachten Sie aber, dass Berichtsfilter natürlich dennoch wirken (Abfragefilter ebenso).

Beispiel:

Sofern die Formel um den Zusatz „In Bericht" erweitert wurde, werden die Umsatzzahlen ganzheitlich aggregiert, sodass die Tabelle nach erfolgreicher Validierung und Bestätigung sich wie folgt ändert.

Year	State	Sales revenue
2004	California	$36,387,512
2004	Colorado	$36,387,512
2004	DC	$36,387,512
2004	Florida	$36,387,512
2004	Illinois	$36,387,512
2004	Massachusetts	$36,387,512
2004	New York	$36,387,512
2004	Texas	$36,387,512
2005	California	$36,387,512
2005	Colorado	$36,387,512
2005	DC	$36,387,512
2005	Florida	$36,387,512
2005	Illinois	$36,387,512

Das konkrete Beispiel ist nicht unbedingt sinnvoll, aber bei den anderen Operatoren wurde ja bereits deutlich, wie sie als Bestandteil einer größeren Formel zweckhaft eingesetzt können.

11. Drillen inkl. Abfrageeditor

Unter Drillen versteht man die Analyse der Daten von einer hohen in immer detailliertere Ebenen.

11.1 Praktische Einführung

- Drillen inkl. Abfrageeditor

Aufgabenstellung

Wie bereits aus dem Beispiel im ersten praktischen Kapitel bekannt, wollen Sie für die Anwender die Umsatzzahlen bezüglich der Geschäftsjahre und der jeweiligen Staaten darstellen. Ausgehend von dieser Übersicht möchten Sie ihnen die Möglichkeit geben, sich flexibel und dynamisch auffällige Werte genauer anzusehen.

Dazu gehen Sie wie folgt vor:

- Aufrufen des Abfrageeditors

- Identifizierung der relevanten Objekte

- Festlegen der Analysetiefe

- Starten des Drillvorgangs

Vorgehensweise

1) Erstellen Sie einen neuen Bericht auf Basis des eFashion-Universums.

2) Identifizieren Sie die folgenden Objekte

   - Klasse „Time Period":   Dimension „Year" (Geschäftsjahr)

   - Klasse „Store":   Dimension „State" (Staat)

   - Klasse „Measures":   Kennzahl „Sales revenue" (Umsatz)

   Ziehen Sie diese per Drag & Drop in den Bereich der „Ergebnisobjekte", um den Datenprovider zu definieren.

3) Aktivieren Sie die Größe des Analysebereichs, indem Sie auf folgendes Symbol klicken:

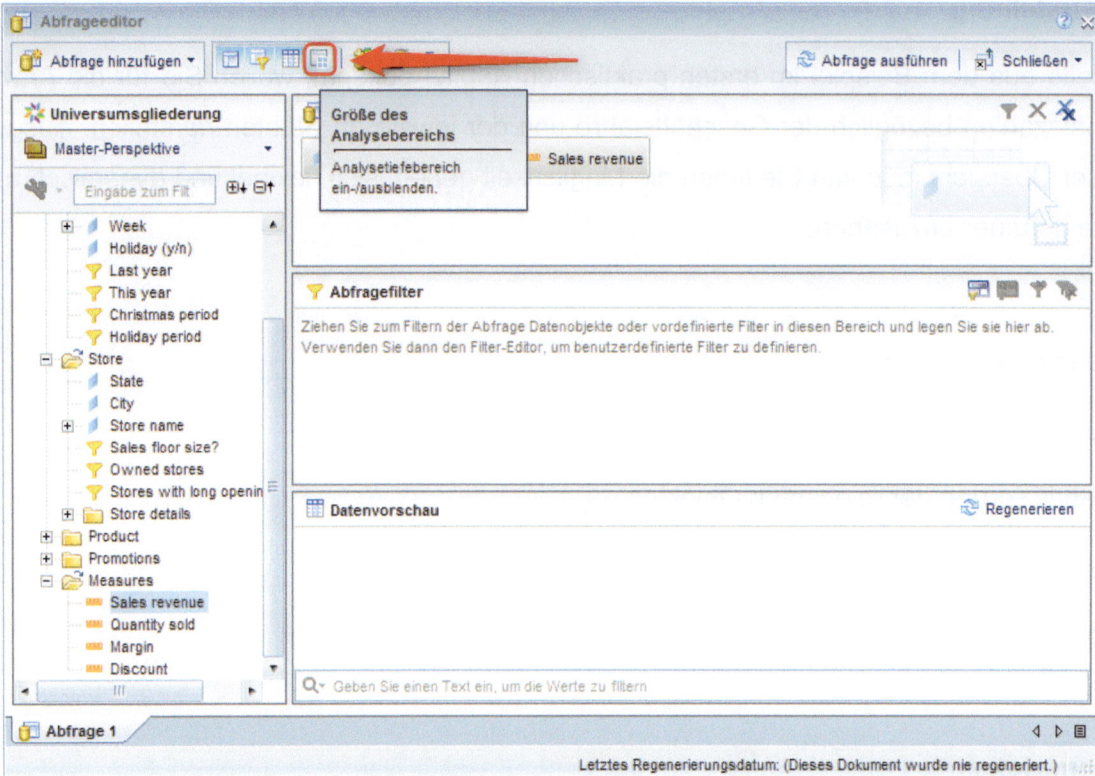

4) Legen Sie die Anzahl der anzuzeigenden Ebenen fest, indem Sie hierzu im Dropdown Menu der „Analyseebene" „zwei Ebenen" auswählen.

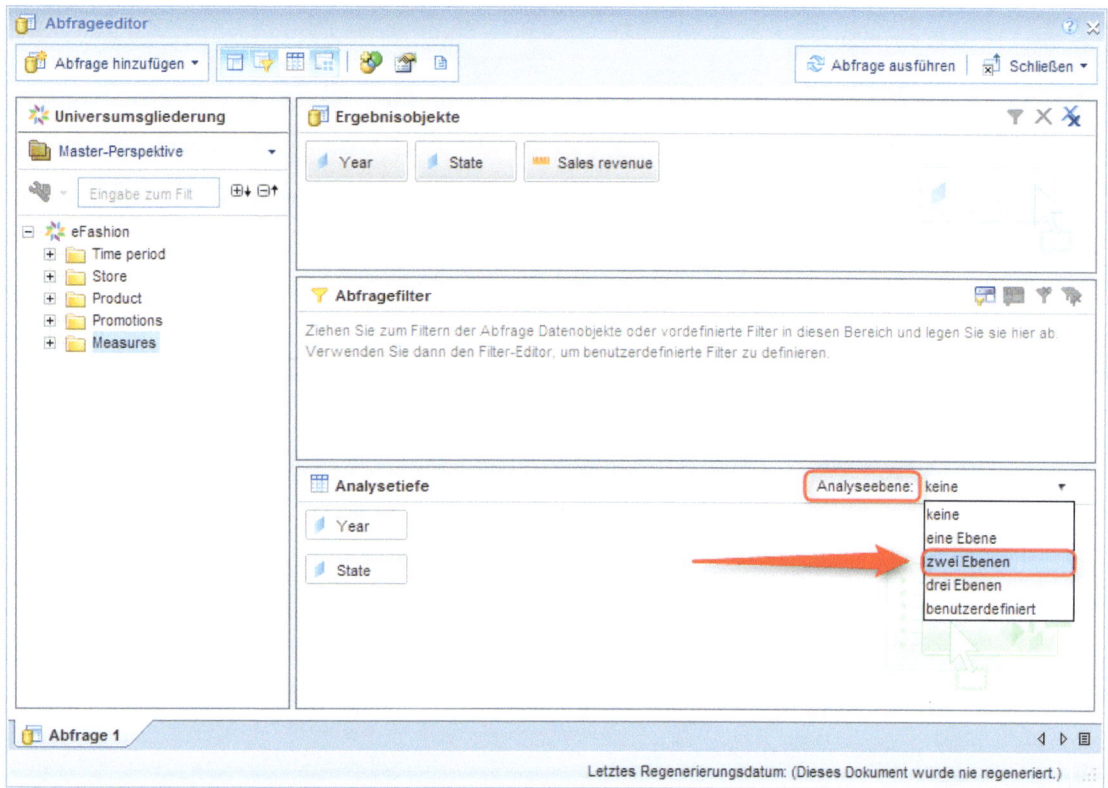

Die „Analysetiefe" des Berichts sollte nun wie folgt definiert sein:

5) Führen Sie die Datenabfrage aus.

6) Starten Sie den Drill Vorgang. Navigieren Sie hierzu über die Registerkarten „Analyse" und „Interagieren" zu „Drill". Klicken Sie dort auf „Drill-Vorgang starten".

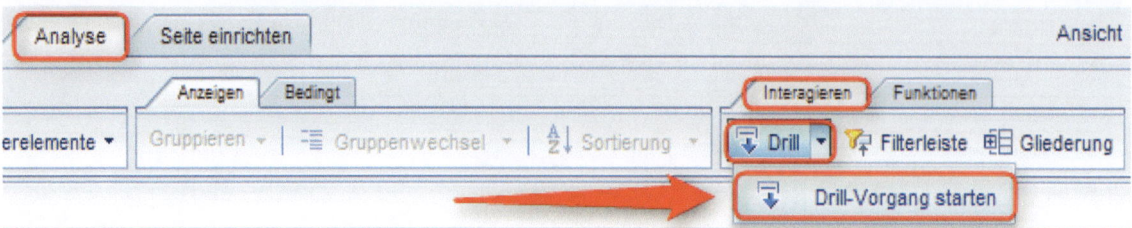

HINWEIS: Alternativ können Sie den Drillvorgang auch durch beliebiges Klicken in die Tabelle und anschließendem Rechtsklick aktivieren. Selektieren Sie hierzu „Drill-Vorgang starten".

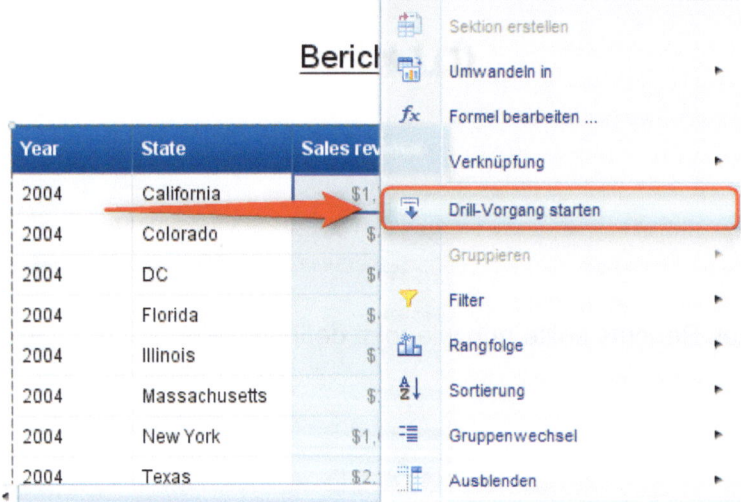

Beim Starten des Drill-Vorgangs wird automatisch ein neuer Bericht erstellt, bei dem nun die einzelnen Ebenen aufgerufen werden können.

Bericht 1 (1)

Year	State	Sales revenue
2004	California	$1,704,211
2004	Colorado	$448,302
2004	DC	$693,211
2004	Florida	$405,985
2004	Illinois	$737,914
2004	Massachuset	$238,819
2004	New Yo	$1,667,696
2004	Texas	$2,199,677

Bericht 1   Bericht 1 (1)

7)   Gleiten Sie nun mit dem Cursor über den Wert „California" in der Tabelle, bis dieser unterstrichen angezeigt wird. Es wird Ihnen in einer gesonderten Box angezeigt, was passiert, wenn Sie auf den Wert klicken. Klicken Sie jetzt auf „California", um die Ergebnisse von diesem Staat zu erzeugen.

8) Klicken Sie nun auf den Wert „2006" in der Tabelle um auf Quartalsebene zu drillen.

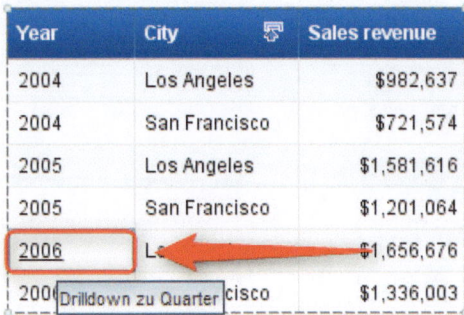

Nun sollten Sie folgende Tabelle erzeugt haben:

HINWEIS: Über folgendes Symbol, welches sich im Tabellenkopf neben der entsprechenden Überschrift befindet, kommen Sie eine Ebene nach oben, um die Ausgangssituation wieder herbeizuführen. Dies ist der sog. „Drill-Up".

9) Speichern Sie den Bericht anschließend in Ihrem persönlichen Bereich („Meine Favoriten") unter dem Namen „Drillen".

11.2 Zusammenfassung

Drillen stammt vom englischen Wort „to drill" (dt.: bohren) und bezeichnet den Bohrvorgang, also im übertragenen Sinne „in die Tiefe" gehen. Mit dem Drill-Verfahren können mehrere Ebenen in dem Bericht festgelegt werden, sodass der Anwender je nach Bedarf unterschiedliche Ergebnisse abrufen und anzeigen lassen kann. Durch flexible Anwendung bzw. Gestaltung des Berichts entstehen dynamische Resultate und derselbe Bericht kann zu unterschiedlichen Zwecken herangezogen werden. Der besondere Vorteil dieses Vorgehens liegt in der einfachen Handhabung, sodass komplexe Berichterstattungen auf einer Ebene angezeigt werden können, ohne dabei ständig neue Daten aus der Datenbank abzurufen, indem der Datenprovider neu definiert wird. Somit wird die Performance erhöht und die Effizienz verstärkt.

Über den Drill Button können Sie den Drill-Vorgang auch beenden oder Sie generieren einen Snapshot von der neu erzeugten Tabelle. Beachten Sie, dass Sie beim Beenden des Drillvorgangs nicht wieder zurück in die Ausgangssituation gelangen, sondern der zu dem Zeitpunkt aufgerufene Zustand bestehen bleibt, die Bestimmung der Analysetiefe wird lediglich aufgehoben.

Drillvorgang beenden

Snapshot

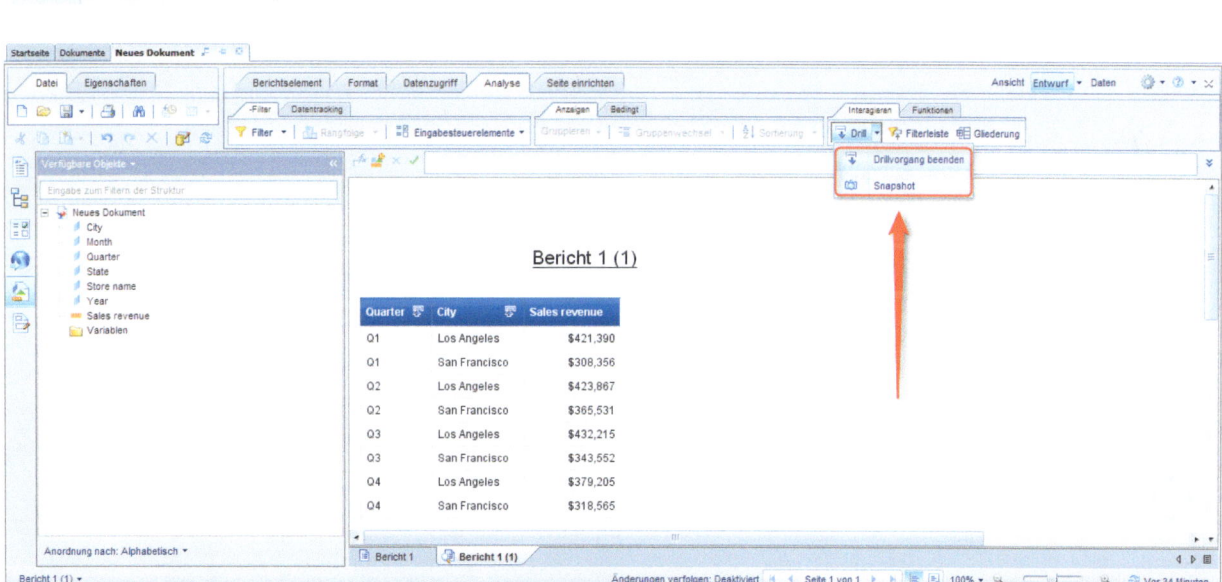

11.3 Vertiefendes Anwendungswissen

Sie können auch drillen, ohne vorab im Datenprovider die Analysetiefe festzulegen (Schritte 3 und 4). Dies hätte jedoch zur Folge, dass die Daten für die detailliertere Ebene erst zum Zeitpunkt des Drillvorgangs bei der Datenbank abgerufen werden würden. Bei unserer Beispieldatenbank ist der zeitliche Unterschied kaum feststellbar, in realistischeren Szenarios hingegen schon.

Sie sollten sich also die Frage stellen, wie wahrscheinlich ein Drillvorgang in einem Dokument ist, da die standardmäßige Erhöhung der Analysetiefe den anfänglichen Datenabruf verlangsamen kann. Wird in einem Dokument vermutlich nie oder selten gedrillt, erhöhen Sie die Analysetiefe (Schritte 3 und 4) am besten nicht. Gehen Sie hingegen davon aus, dass in einem Dokument häufig gedrillt wird, machen Sie die entsprechende Voreinstellung wie beschrieben.

12. Verfolgung von Datenveränderungen (Tracking Data Changes)

Mit der Datenverfolgung können Veränderungen in den Werten gegenüber einem vorab determinierten Status Quo oder der letzten Aktualisierung hervorgehoben werden. Der Anwender hat die Möglichkeit, die Art der Hervorhebung der Datenveränderungen festzulegen. Wichtig zu beachten ist hierbei, dass die Änderungsverfolgung lediglich bei Aktualisierung der Datenabfrage greift und nicht bei Änderungen der Berichtsansicht.

12.1 Praktische Einführung

- Verfolgung von Datenveränderungen (Tracking Data Changes)

Aufgabenstellung

Sie wollen sich der Reihe nach den Gewinn für die einzelnen Geschäftsjahre von New York auf Quartalsbasis anschauen. Dabei ist es wichtig zu wissen, wie sich die Quartalszahlen im Vergleich zum Vorjahr verhalten haben.

Dazu gehen Sie wie folgt vor:

- Aufrufen des Abfrageeditors
- Identifizierung der relevanten Objekte
- Definieren der Filterung
- Ausführen der Datenabfrage
- Konfigurieren und Aktivieren der Datenverfolgung

Vorgehensweise

1) Erstellen Sie einen neuen Bericht auf Basis des eFashion-Universums.

2) Identifizieren Sie nun die entsprechenden Objekte

    - Klasse „Time Period":   Dimension „Quarter" (Quartal)

    - Klasse „Measures":   Kennzahl „Margin" (Gewinn)

    Ziehen Sie nacheinander die relevanten Elemente per Drag & Drop in den Bereich der „Ergebnisobjekte", um den Datenprovider zu definieren.

3) Identifizieren Sie nun die entsprechenden Objekte als Abfragefilter

    - Klasse „Store":   Dimension „State" (Staat)

    - Klasse „Time Period":   Dimension „Year" (Jahr)

Ziehen Sie nacheinander die relevanten Elemente per Drag & Drop in den Bereich „Abfragefilter", um die Ergebnismenge des Datenproviders einzuschränken.

Schränken Sie den Staat fest auf „New York" ein und definieren Sie für das Jahr eine Eingabeaufforderung.

4)   Führen Sie die Datenabfrage aus und wählen Sie bei der ersten Ausführung das Jahr „2004".

5)   Navigieren Sie über die Registerkarte „Analyse" zu „Datentracking" und klicken Sie auf „Verfolgen".

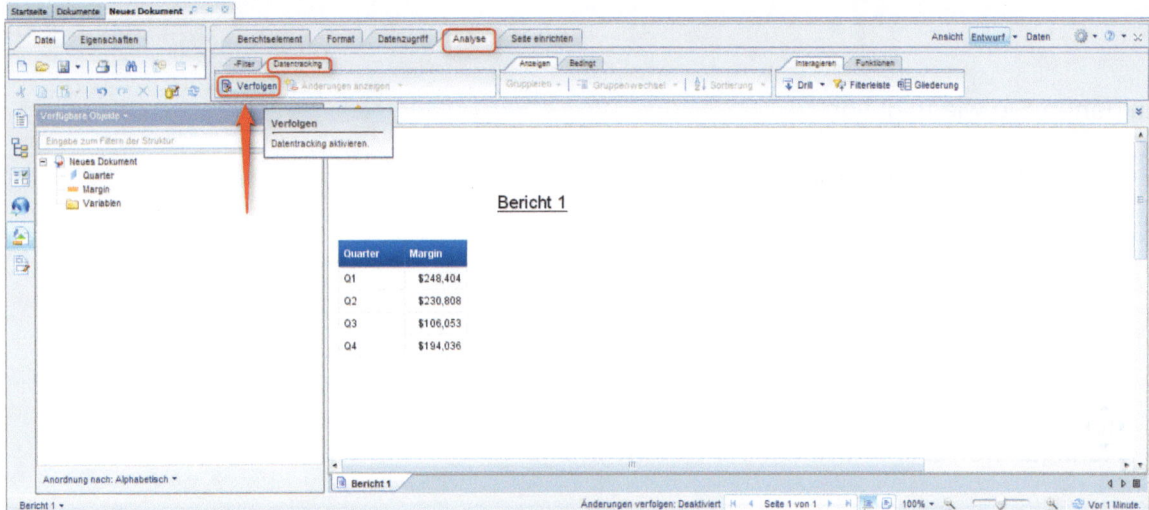

6)   Legen Sie nun die Vergleichsgrundlage fest, indem Sie „Mit letzter Datenregenerierung vergleichen" auswählen und bestätigen Sie Ihre Eingabe durch Klicken auf „OK".

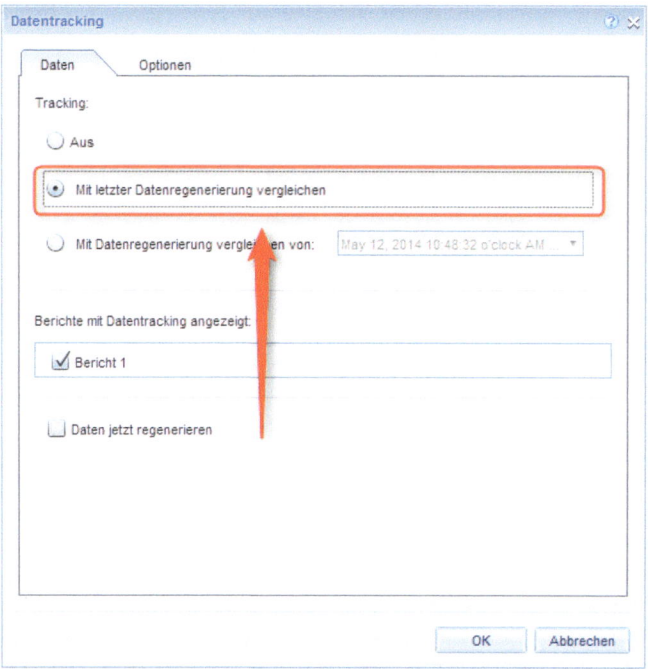

7)   Klicken Sie nun im Dropdown Menu „Änderungen anzeigen" und wählen Sie „Anzeigeoptionen", um die Änderungsverfolgung den Anforderungen entsprechend zu konfigurieren.

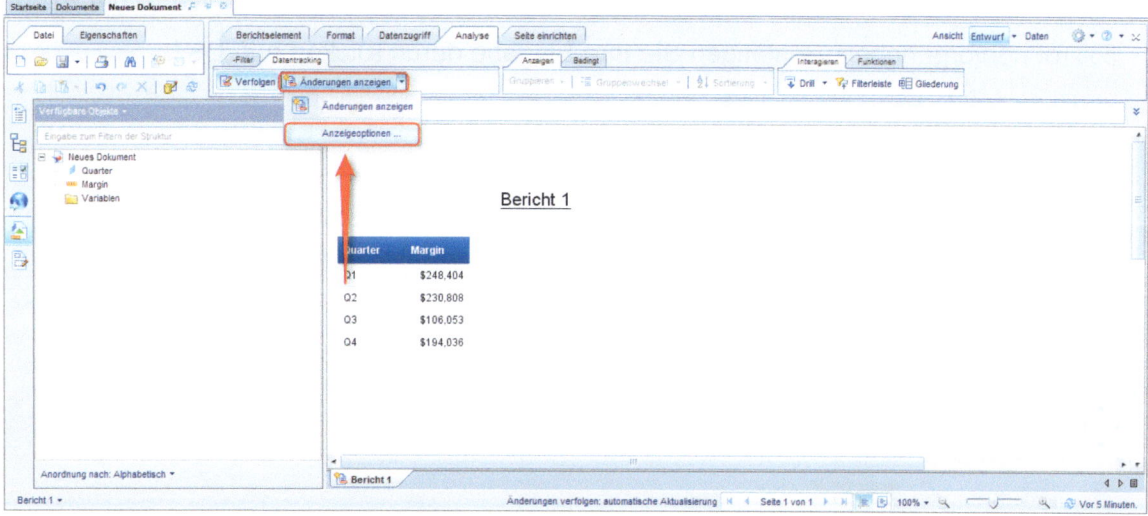

8)   Klicken Sie nun auf „Optionen", um das Optionsfeld aufzurufen.

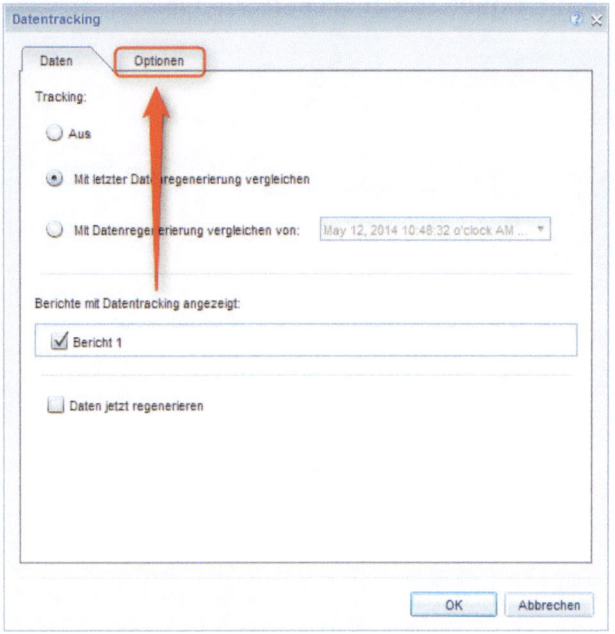

9)   Setzen Sie ein Häkchen bei „größer oder gleich" bei „Erhöhte Werte" und bestimmten Sie den Wert „12" %, sowie ein Häkchen bei „größer oder gleich" bei „Verringerte Werte" und bestimmen Sie den Wert „5" %. Somit werden sämtliche positiven Änderungen der Werte um mindestens 12% grün markiert und sämtliche negativen Änderungen der Werte um mindestens 5% rot hervorgehoben. Bestätigen Sie Ihre Eingabe durch Klicken auf „OK".

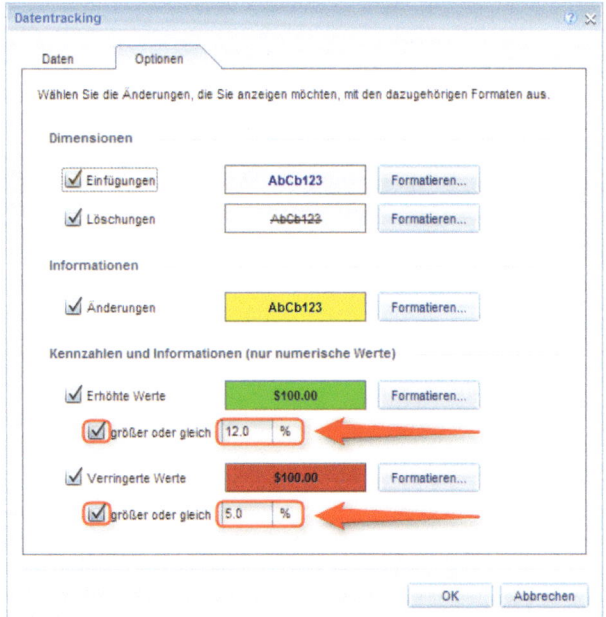

10) Regenerieren Sie den Datensatz und wählen Sie bei der Eingabeaufforderung dieses Mal das Jahr „2005" (und kein anderes) aus.

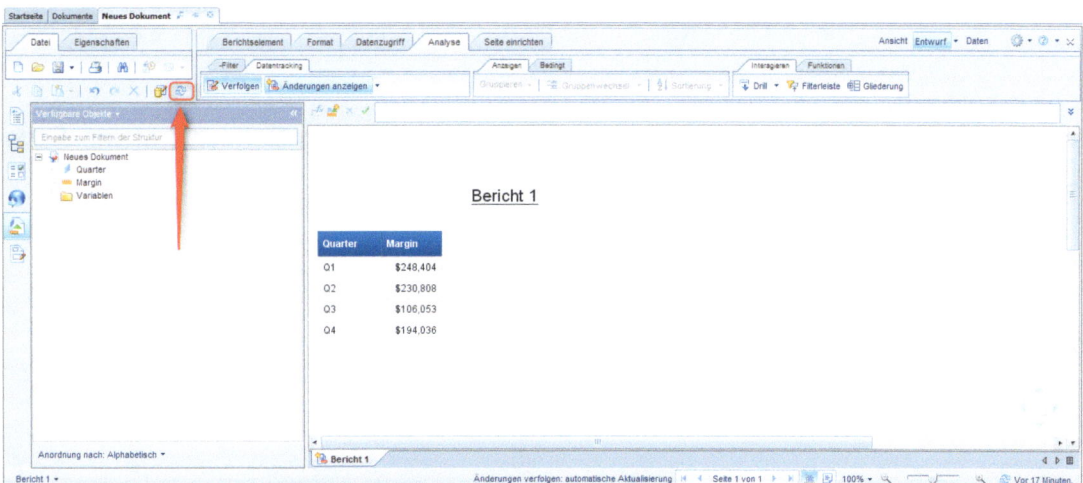

Ihre Tabelle sollte nun wie folgt aussehen:

Quarter	Margin
Q1	$261,295
Q2	$281,708
Q3	$183,699
Q4	$377,577

11) Führen Sie den letzten Schritt erneut aus und selektieren Sie diesmal das Jahr „2006", sodass Ihr Bericht sich wie folgt ändert:

Quarter	Margin
Q1	$276,708
Q2	$356,052
Q3	$318,507
Q4	$237,899

HINWEIS: Sie können die Datenverfolgung auch wieder deaktivieren, indem Sie im Dropdown Menu von „Änderungen anzeigen" erneut auf „Änderungen anzeigen" klicken.

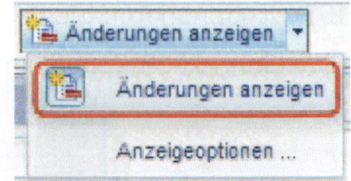

12) Speichern Sie den Bericht anschließend in Ihrem persönlichen Bereich („Meine Favoriten") unter dem Namen „Data Tracking".

12.2 Zusammenfassung

Mit Hilfe des Data Tracking können Datenveränderungen hervorgehoben („verfolgt" werden. Hierfür muss der Anwender zunächst die Vergleichsgrundlage und anschließend die Formatierung bestimmen. Sofern dies erfolgreich durchgeführt wurde, werden die Veränderungen automatisch bei jeder Datenregenerierung farblich gekennzeichnet. Hierbei ist zu beachten, dass die Verfolgung lediglich bei Änderungen des Datenproviders greift, jedoch nicht bei Änderungen des Formates.

13. Synchronisation von Datenprovidern

Die Synchronisation von mehreren Datenprovidern ermöglicht dem Entwickler bei der Berichtserstellung auf unterschiedliche Datenquellen zuzugreifen. Es können Daten aus verschiedenen Universen herangezogen und miteinander verknüpft werden.

In manchen Fällen kann es aber auch sinnvoll sein, zwei Abfragen auf ein und dasselbe Universum zu erstellen. Dies ist z.B. angebracht, wenn für den aktuellen Monat Daten auf Tagesbasis benötigt werden, für den Rest des Jahres aber lediglich auf Monatsbasis. Wenn in diesem Fall die Daten für das gesamte Jahr auf Tagesbasis abgerufen werden, um sie im Bericht zu aggregieren, enthält der Datensatz im November für die ersten 10 Monate die Information pro Datum, also alle Daten außer dem Datum, multipliziert mit 300 (10 Monate mal 30 Tage), obwohl sie eigentlich nur pro Monat benötigt werden, also multipliziert mit 10. Dies kann die Datenmenge in einem Bericht in Abhängigkeit von der Anzahl und den Ausprägungen der anderen Dimensionen sehr stark in die Höhe treiben, sodass es vor allem bei Berechnungen, die innerhalb des Berichts stattfinden, zu langsamen Laufzeiten kommt.

13.1 Praktische Einführung

- Synchronisation von Datenprovidern

Aufgabenstellung

Sie wollen einen Soll-Ist-Vergleich der Umsatzzahlen erstellen. Hierzu müssen Sie die Planzahlen aus einer Excel-Datei beziehen und mit den Daten des Universums synchronisieren.

Dazu gehen Sie wie folgt vor:

- Aufrufen des Abfrageeditors

- Identifizierung der relevanten Objekte

- Ausführen der Datenabfrage

- Erneutes Aufrufen des Abfrageeditors

- Erstellen eines weiteren Datensatzes

Vorgehensweise

1) Erstellen Sie einen neuen Bericht auf Basis des eFashion-Universums.

2) Ziehen Sie die folgenden Objekte in den Bereich der Ergebnisobjekte:

   - Klasse „Time Period":   Dimension "Year"

   - Klasse „Time Period":   Dimension "Month"

   - Klasse „Measures":   Kennzahl „Sales revenue"

3) Führen Sie die Datenabfrage aus.

4) Erstellen Sie eine kleine XLS-Tabelle, in die Sie ausgehend vom Feld A1 folgende Werte eintragen:

Jahr	Planumsatz
2004	9000000
2005	13000000
2006	15000000

Speichern Sie diese XLS-Tabelle an einem Ort ihrer Wahl unter dem Namen „Planumsatz".

5) Wechseln Sie anschließend im obersten Register Ihres Browserfensters, also oberhalb der eigentlichen WebI-Anwendung, auf „Dokumente" und dort im linken Bereich auf „Meine Favoriten":

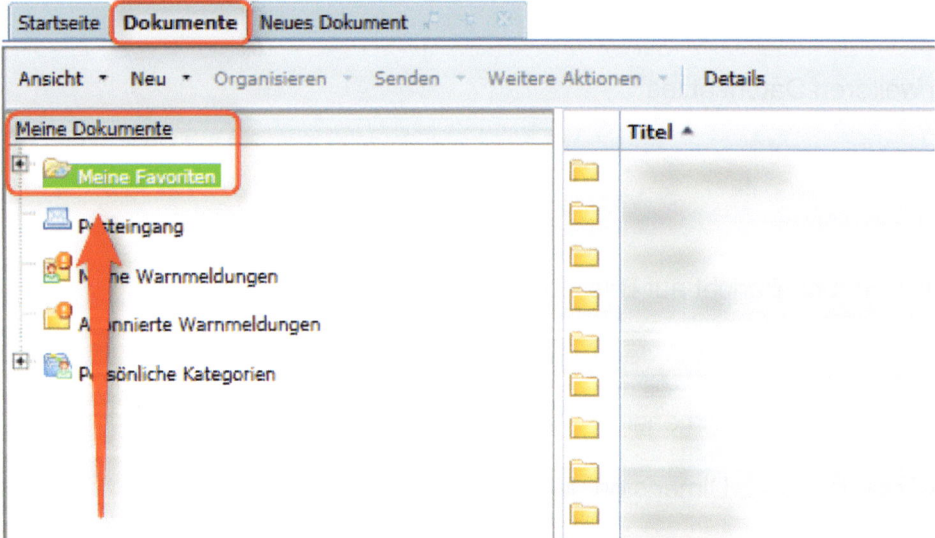

6) Klicken Sie danach auf „Neu" und wählen Sie „Lokales Dokument" aus:

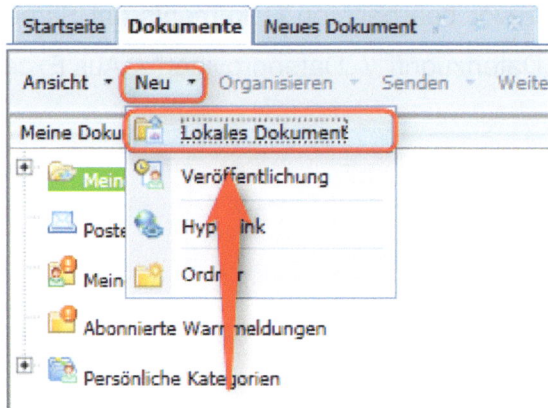

Im Anschluss erscheint dann folgender Dialog:

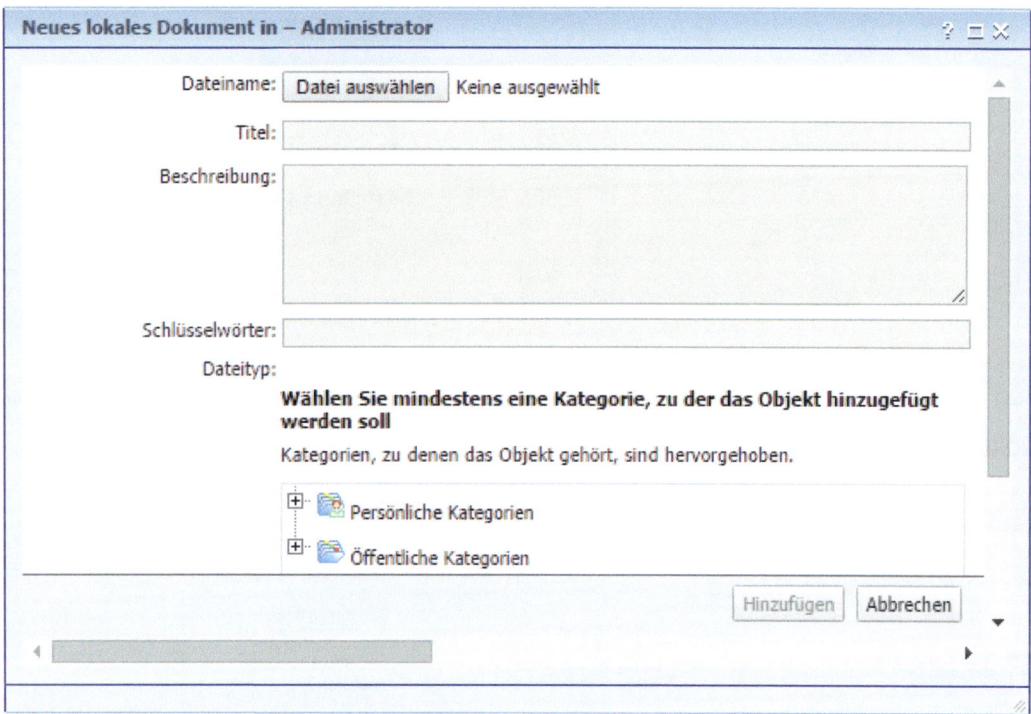

7)   Klicken Sie im o.g. Dialog auf „Browse", navigieren Sie zu dem Pfad der Excel-Datei, die Sie in Schritt 4 angelegt haben und selektieren diese. Drücken Sie anschließend auf „Hinzufügen".

8) Wechseln Sie wieder zum WebI-Reiter Ihres zuvor bearbeiteten Dokuments (im Screenshot unten „Neues Dokument" und gehen dort auf „Datenzugriff" / „Datenprovider" / „Aus Excel".

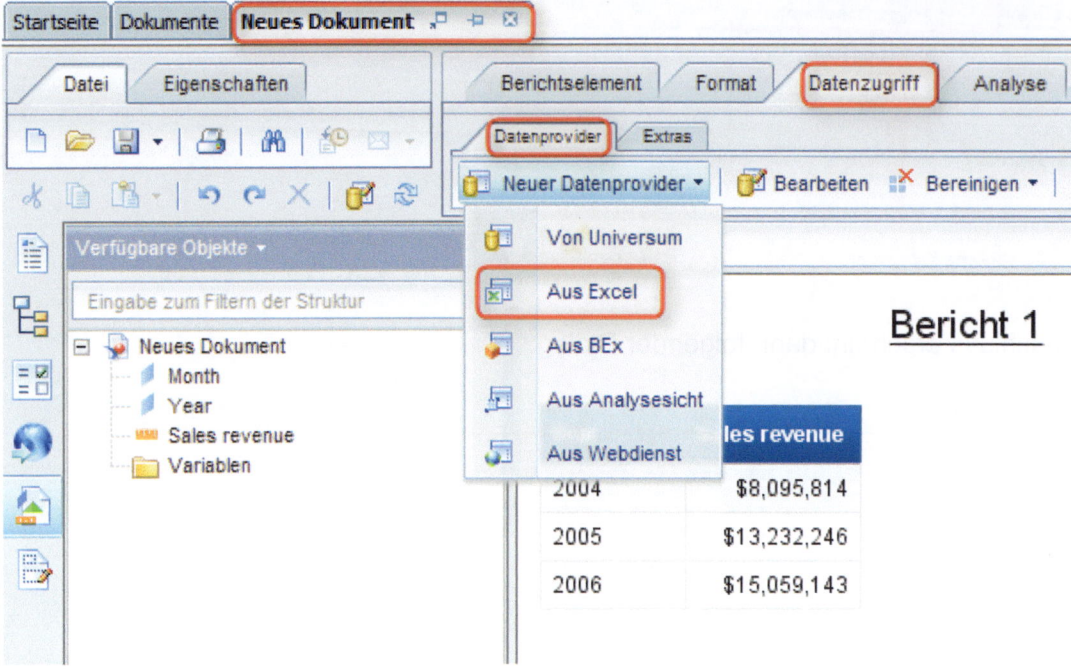

9) Im Dialog „Dokument von Server öffnen" wählen Sie das zuvor ins Portal hoch geladene Excel-Dokument:

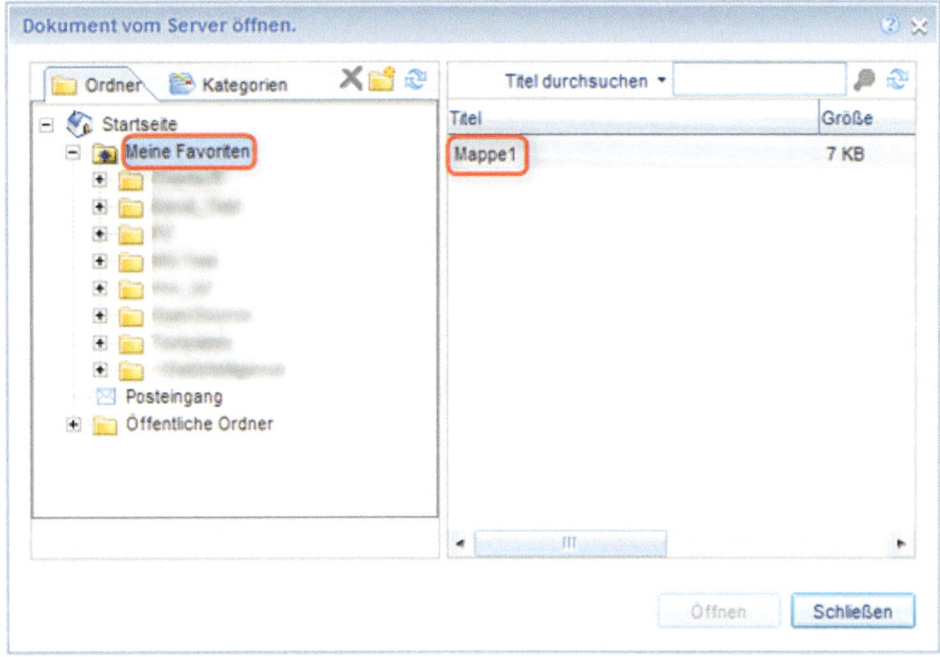

10) Wenn Sie die Excel-Tabelle wie oben beschrieben angelegt haben, können Sie den Dialog „Benutzerdefinierter Datenprovider – Excel" einfach durch Klicken auf „OK" bestätigen. Andernfalls müssen Sie ggf. den Bereich der einzulesenden Daten unter „Bereichsdefinition" anpassen.

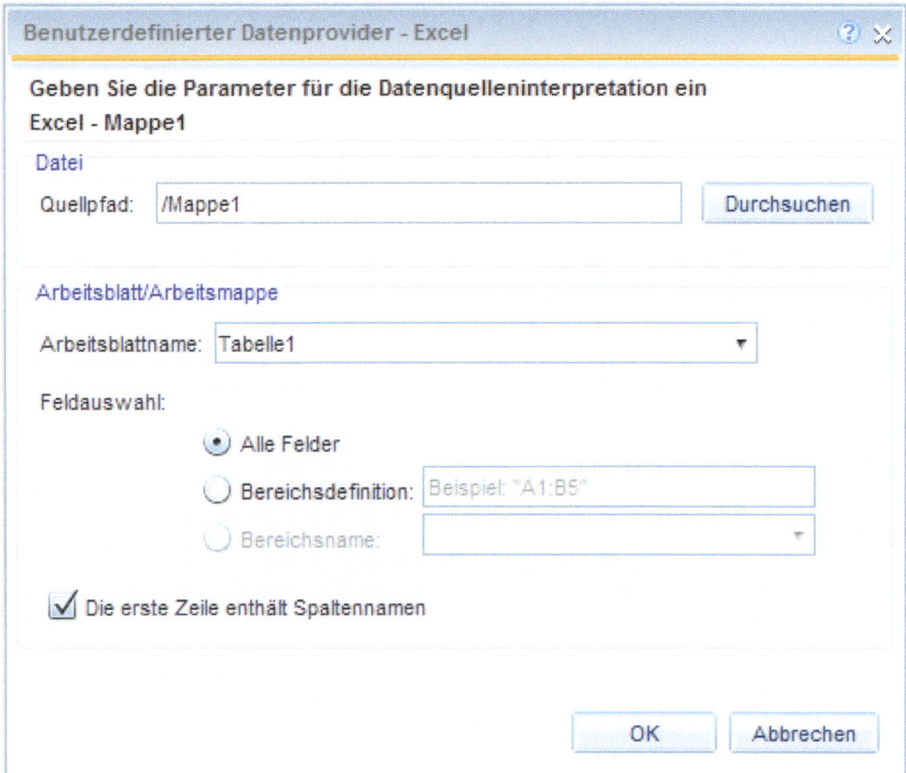

11) Wählen Sie im sich nun automatisch öffnenden „Abfrageeditor"-Dialog die *Kennzahl* „Jahr" (WebI vermutet hinter jedem numerischen Excel-Wert eine Kennzahl), und ändern den Objekttyp bei Bezeichnung auf „Dimension". Führen Sie die Abfrage noch **nicht** aus!

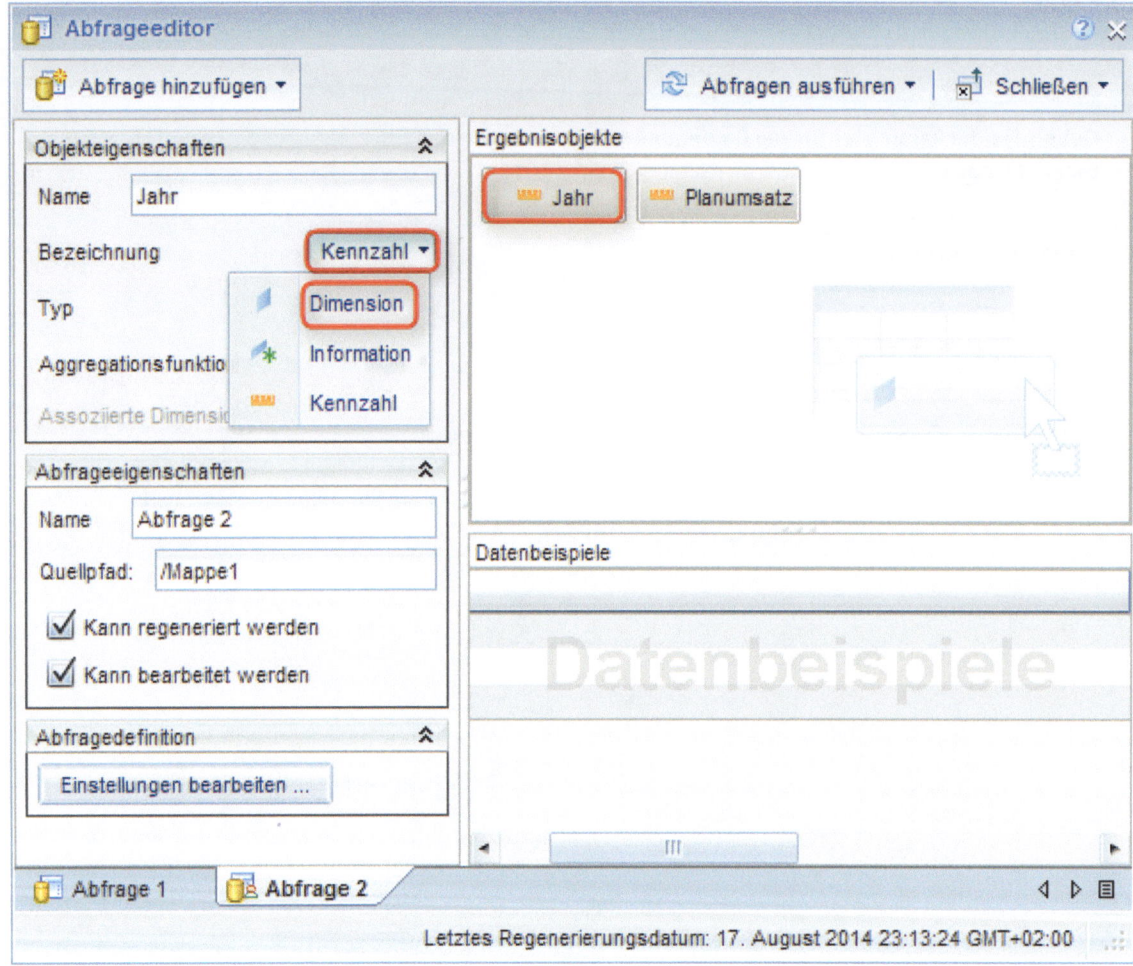

12) Ändern Sie noch den Datentypen, in dem Sie bei Typ von „Nummer" auf „Zeichenfolge" umstellen. (Dies ist nötig, weil das „Year" im eFashion-Universum unglücklicherweise als Datentyp ebenfalls „Zeichenfolge" hat.) Nun können Sie die Abfrage ausführen!

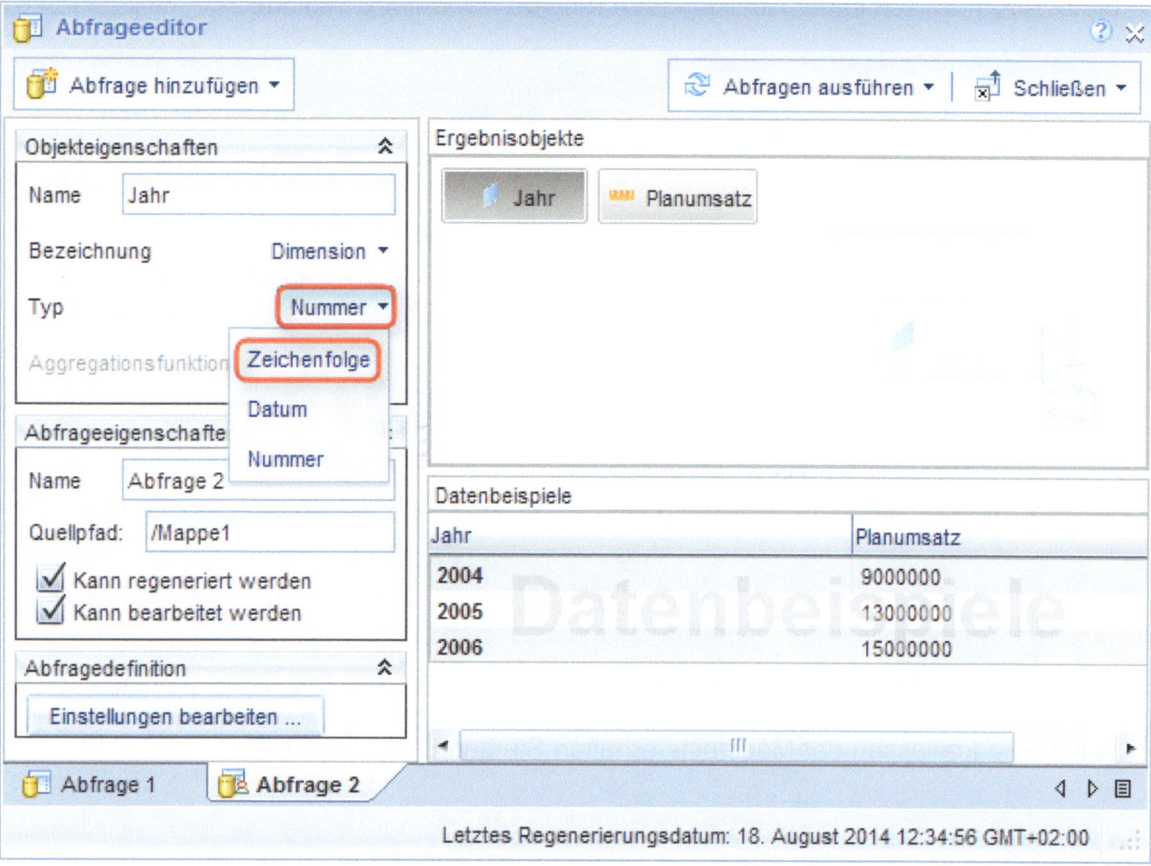

13) Es erscheint der Dialog „Abfrage hinzufügen". Wählen Sie die dritte Option:

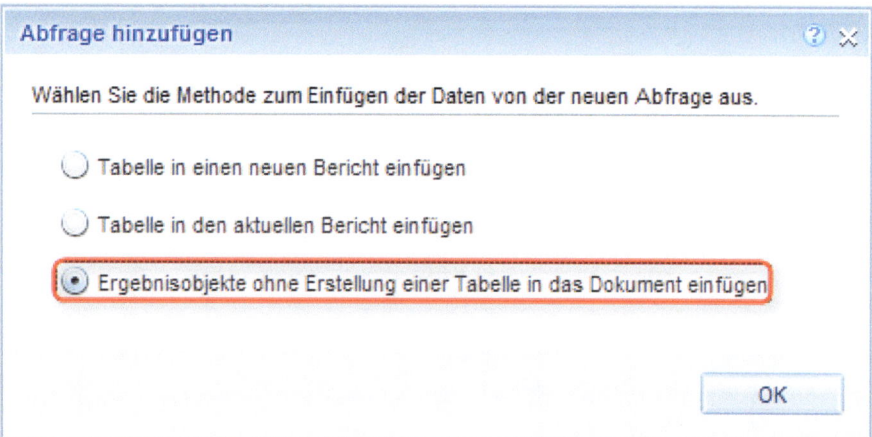

14) Im linken Bereich finden Sie jetzt zusätzlich die Dimension „Jahr" und die Kennzahl „Plan-umsatz". Ziehen Sie letzteres per Drag & Drop von den verfügbaren Objekten, wie in der folgenden Abbildung ersichtlich, an den rechten Rand der Tabelle. Wichtig ist, dass das hell-blaue Rechteck wie in der Abbildung am rechten Rand der erscheint:

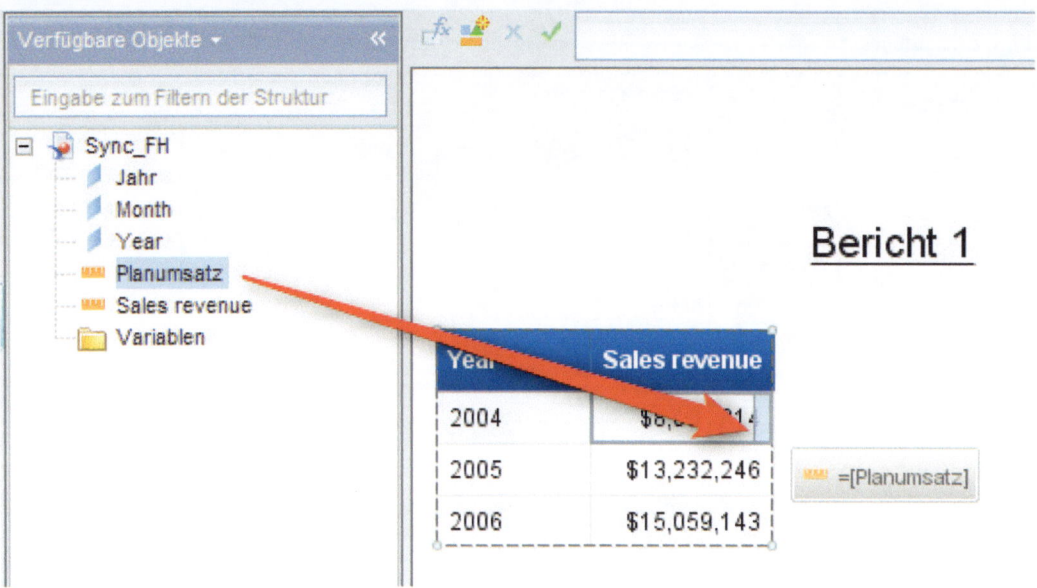

Nach dem Loslassen der Maustaste erhalten Sie dann folgendes Bild:

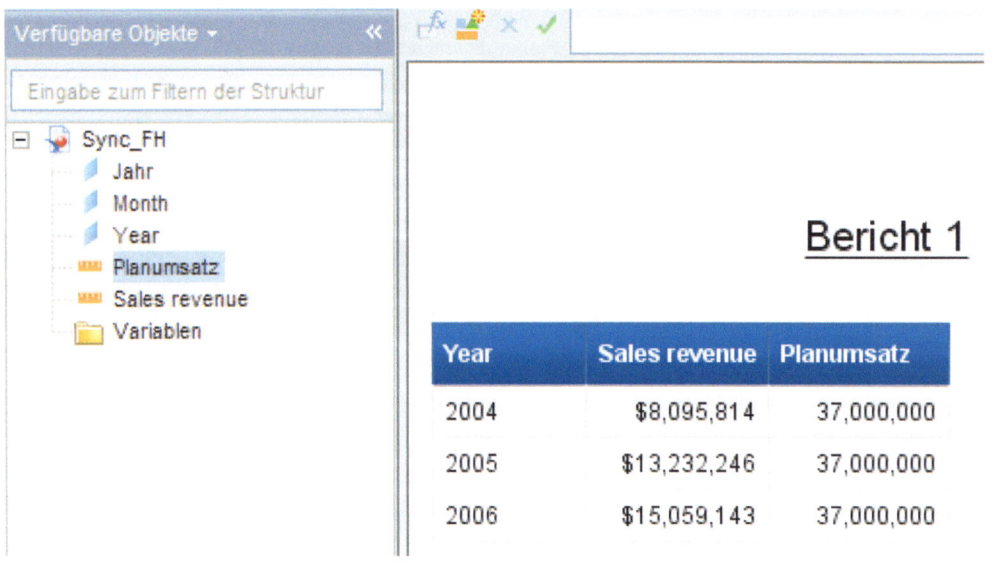

Der Planumsatz scheint also für jedes einzelne Jahr 37 Millionen zu betragen. Das ist natürlich falsch. Diese Zahl ergibt sich aus der Summe der einzelnen Planwerte (9+13+15 Mio.). Das Problem ist, dass WebI keine Verbindung von den „Year"-Werten der ersten Abfrage zu den „Jahr"-Werten der zweiten Abfrage herstellen kann. Für WebI sind das einfach zwei Dimensionen, die keine Verbindung zueinander haben. Und das liegt nicht an der Sprache. Auch wenn die Dimension der zweiten Abfrage ebenfalls „Year" hieße, würde es nicht funktionieren. (Die einzige Ausnahme ist, wenn beide Abfragen auf demselben Universum basieren und man dann zwei Mal dasselbe Objekt nimmt.)

15) Um das Problem zu lösen, klicken Sie zunächst mit der linken Maustaste bei den verfügbaren Objekten auf die Dimension „Jahr". Mit gedrückter STRG-Taste klicken Sie dann auf die Dimension „Year". Anschließend machen Sie einen Rechtsklick auf eine der beiden gewählten Dimensionen und wählen „Dimensionen zusammenführen":

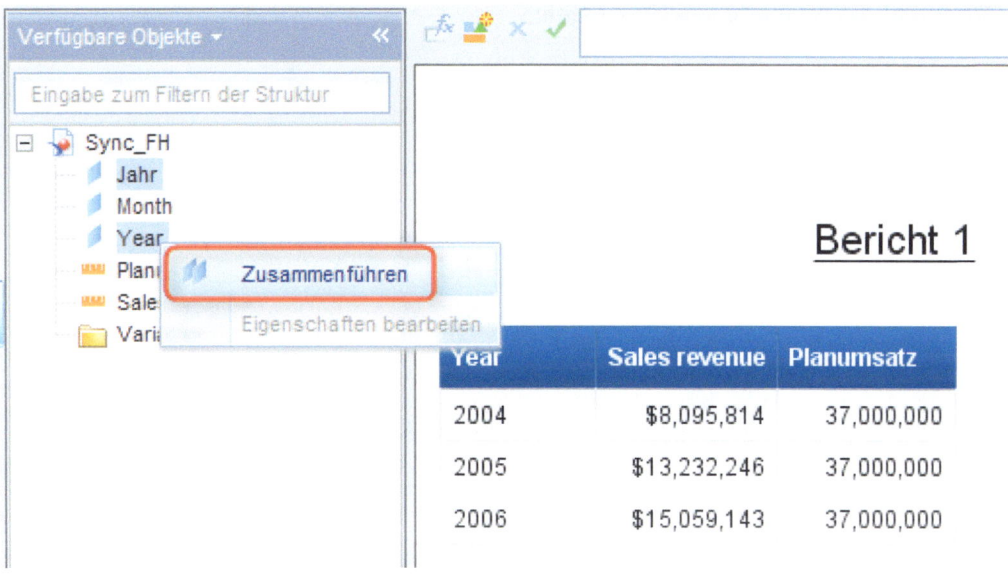

Daraufhin ändert sich das Aussehen der verfügbaren Objekte wie folgt:

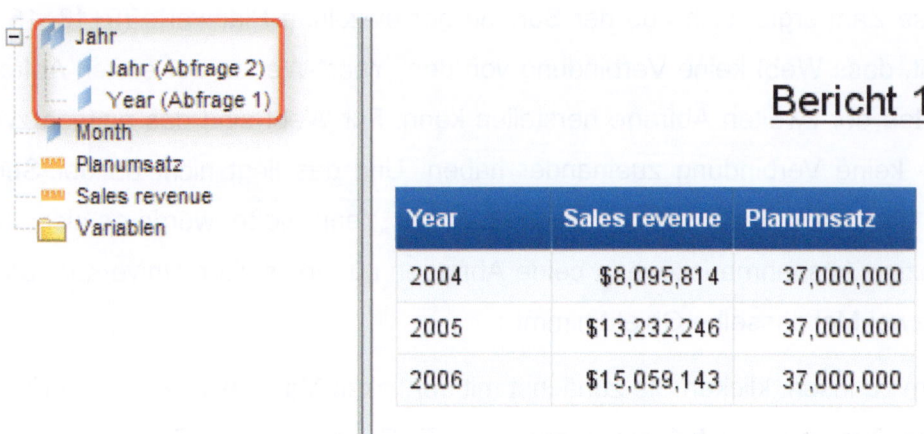

16) Ziehen Sie nun das obere „Jahr" wie unten abgebildet in die Tabelle. Wichtig ist, dass das hellblaue Rechteck so aussieht wie dargestellt:

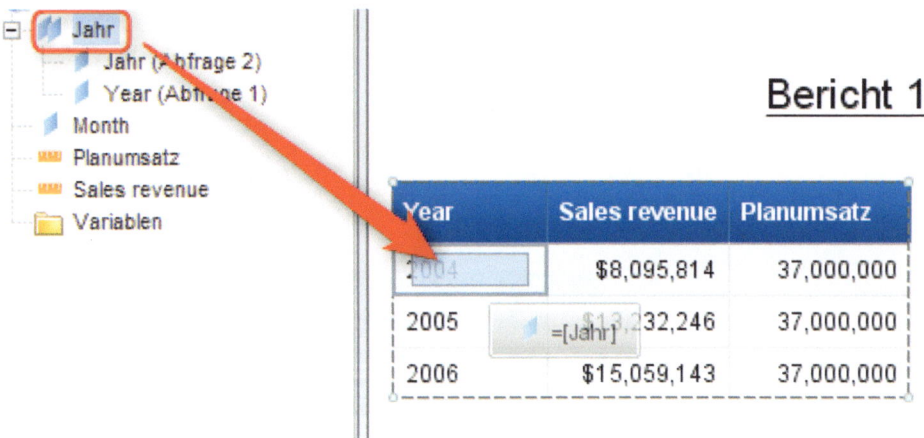

Die Tabelle ändert sich daraufhin wie folgt:

Jahr	Sales revenue	Planumsatz
2004	$8,095,814	9,000,000
2005	$13,232,246	13,000,000
2006	$15,059,143	15,000,000

Sie sehen also, dass nun eine Zuordnung der Jahreswerte aus der ersten Abfrage zu denen aus der zweiten Abfrage erfolgt ist.

HINWEIS: Die Verknüpfung wurde nur über das Jahr vorgenommen. Sollten die Tabelle nun

Jahr	Month	Sales revenue	Planumsatz
2004	1	$1,003,541	9,000,000
2004	2	$630,073	9,000,000
2004	3	$1,027,085	9,000,000
2004	4	$895,260	9,000,000
2004	5	$865,615	9,000,000
2004	6	$517,819	9,000,000
2004	7	$525,904	9,000,000
2004	8	$173,756	9,000,000
2004	9	$668,181	9,000,000
2004	10	$655,206	9,000,000
2004	11	$484,024	9,000,000
2004	12	$649,350	9,000,000
2005	1	$1,335,402	13,000,000

noch die Monatswerte aufnehmen, ergibt sich folgendes Bild:

Wie Sie sehen, werden die Planwerte für jeden Monat auf Jahresebene dargestellt. Das liegt schlicht daran, dass WebI auch keine Informationen über monatliche Planwerte zur Verfügung gestellt wurden.

Selbst wenn diese in der Excel-Tabelle vorhanden wären, so müsste die Zusammenführung (Schritt 15) noch einmal für die Monate durchgeführt werden.

17) Speichern Sie den Bericht anschließend in Ihrem persönlichen Bereich („Meine Favoriten") unter dem Namen „Synchronisation".

13.2 Zusammenfassung

Mit der Synchronisation von Datenprovidern ist es möglich, Daten aus unterschiedlichen Universen oder ganz unterschiedlichen Datenquellen miteinander in Verbindung zu setzen und somit einen Bericht basierend auf mehreren Informationsquellen zu erstellen.

13.3 Vertiefendes Anwendungswissen

Bei der Abfrage von Daten einer neuen bzw. einer weiteren Datenbank werden die neuen Daten dem vorhandenen Datenprovider hinzugefügt, ohne dabei die ursprünglichen Daten zu ersetzen oder zu verdrängen. Dabei bietet WebI dem Entwickler mehrere Möglichkeiten diese Daten in den Bericht einzubetten. Die Daten werden dem Bericht zwar zur Verfügung gestellt, jedoch erfolgt die Anzeige der Informationen bedarfsgerecht zu den Anforderungen an den Bericht.

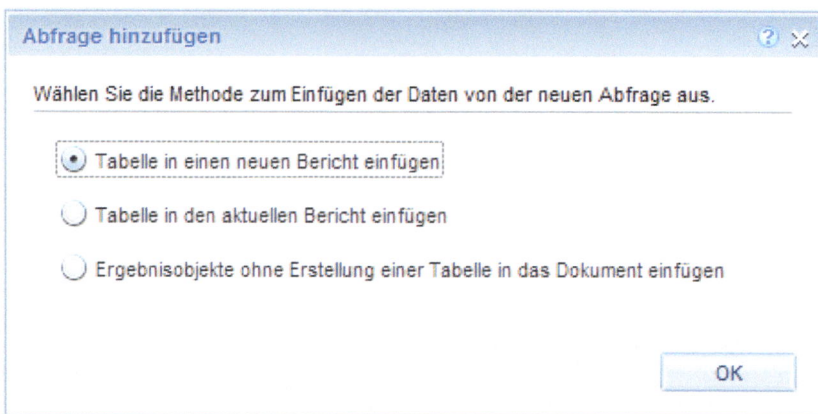

Tabelle in einen neuen Bericht einfügen

Zunächst besteht die Möglichkeit, die Daten in einer Tabelle in einem neuen Berichtreiter abzubilden. Somit entstehen zwei Berichtsreiter nebeneinander. Während der erste Bericht die Tabelle mit ursprünglichen Daten aus dem Datenprovider beinhaltet, weist der zweite/neue Bericht die Tabelle mit neu hinzugefügten Daten aus dem neuen Datenprovider auf.

Tabelle in aktuellen Bericht einfügen

Bei Wahl dieser Option werden in ein und demselben Berichtsreiter zwei Tabellen parallel zueinander angezeigt. Diese können wieder entsprechend manuell konfiguriert und positioniert werden.

Ergebnisobjekte ohne Erstellung einer Tabelle in das Dokument einfügen

Bei dieser Funktion wird der Datenprovider um die neuen Ergebnisobjekte ergänzt, ohne dabei Änderungen hinsichtlich der Darstellung des vorhandenen Berichtes vorzunehmen. Diese Option bietet die größtmögliche Kontrolle und sollte insbesondere bei Berichten, in denen schon eine Menge graphischer Aufbereitung steckt, gewählt werden.

14. Sicherung in der BI-Umgebung

Als Anwender können Sie Ihre Berichte auf unterschiedlicher Art und Weise in der BI-Umgebung sichern und veröffentlichen. Die Sicherung Ihrer Ergebnisse hängt von der gewünschten Verwendung der Berichte ab.

14.1 Praktische Einführung

- Sicherung in der BI-Umgebung

Aufgabenstellung

Sie haben Ihren Bericht den Anforderungen entsprechend erstellt und möchten Ihn nun sichern. Hierbei wollen Sie den Bericht öffentlich zugänglich machen, damit ihn auch andere auf das BO-System in Ihrem Unternehmen zugelassene Mitarbeiter abrufen können.

Außerdem wollen Sie ihn auch weiteren Personen per PDF zukommen lassen.

Dazu gehen Sie wie folgt vor:

- Aufrufen der Menüpunkts „Speichern"

- Sicherung des Berichts in WebI

- Zusätzliches Sichern des Berichtes als PDF Datei

Vorgehensweise

1) Klicken Sie in der Menüleiste auf „Speichern" und dann anschließend auf „Speichern unter...".

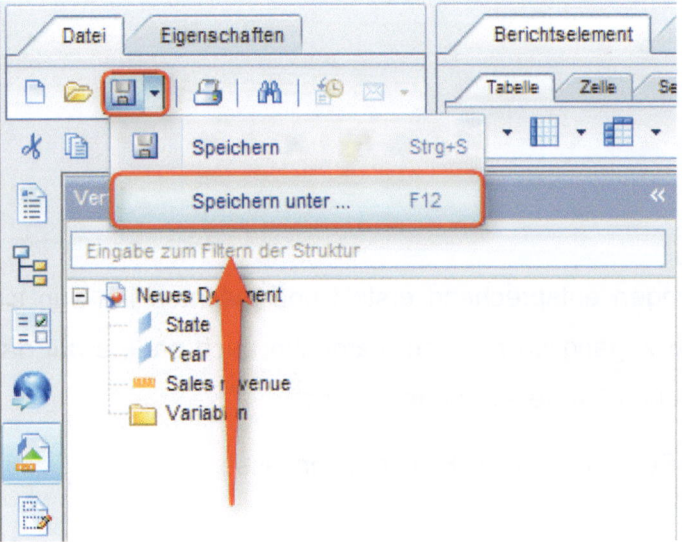

2) Wählen Sie nun Ihr BO-Portal aus (der genaue Name hängt von Ihrer Umgebung ab. Es ist das Computersymbol mit Weltkugel, das sich im Dialog „Dokument speichern" unter „Mein Computer" befindet) und erstellen Sie einen neuen Ordner. Vergeben Sie den Namen „Webl Übung" und bestätigen Sie Ihre Eingabe durch Klicken auf „OK". Geben Sie dem Dokument den Namen „Sicherung" und klicken Sie auf „Speichern".

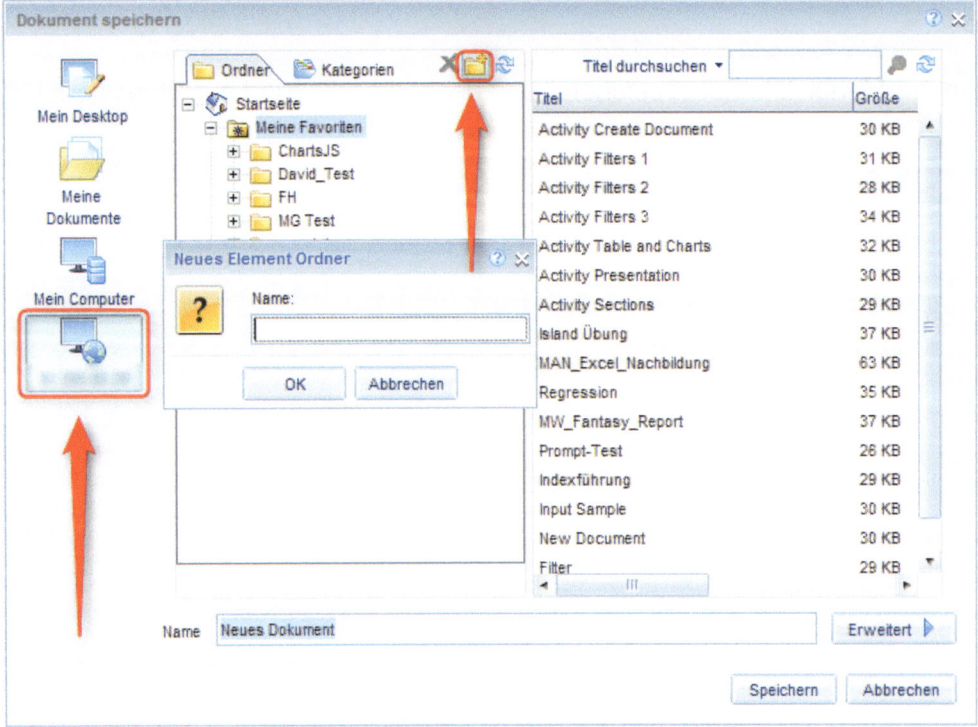

Damit ist der Bericht in Ihrer BO-Umgebung im WebI-Format (.WID) gesichert.

HINWEIS: Sollte dies nicht funktionieren, verfügen Sie evtl. nicht über die notwendigen Berechtigungen. In den meisten Unternehmen ist das BO-System so eingestellt, dass Sie im Bereich „Meine Favoriten" Verzeichnisse anlegen und Berichte speichern dürfen, in den „Öffentlichen Ordnern" aber nur ausgewählte Entwickler und Administratoren Neues einstellen oder Bestehendes bearbeiten können.

3) Klicken Sie erneut in der Menüleiste auf „Speichern" und dann anschließend auf „Speichern unter…".

4) Wählen Sie nun „Mein Computer" aus, um den Bericht lokal auf Ihrem Rechner zu speichern.

5) Bei „Dateien vom Typ:" wählen Sie „PDF" als Format aus dem Dropdown Menü und anschließend legen Sie das Laufwerk C als lokalen Datenträger fest.

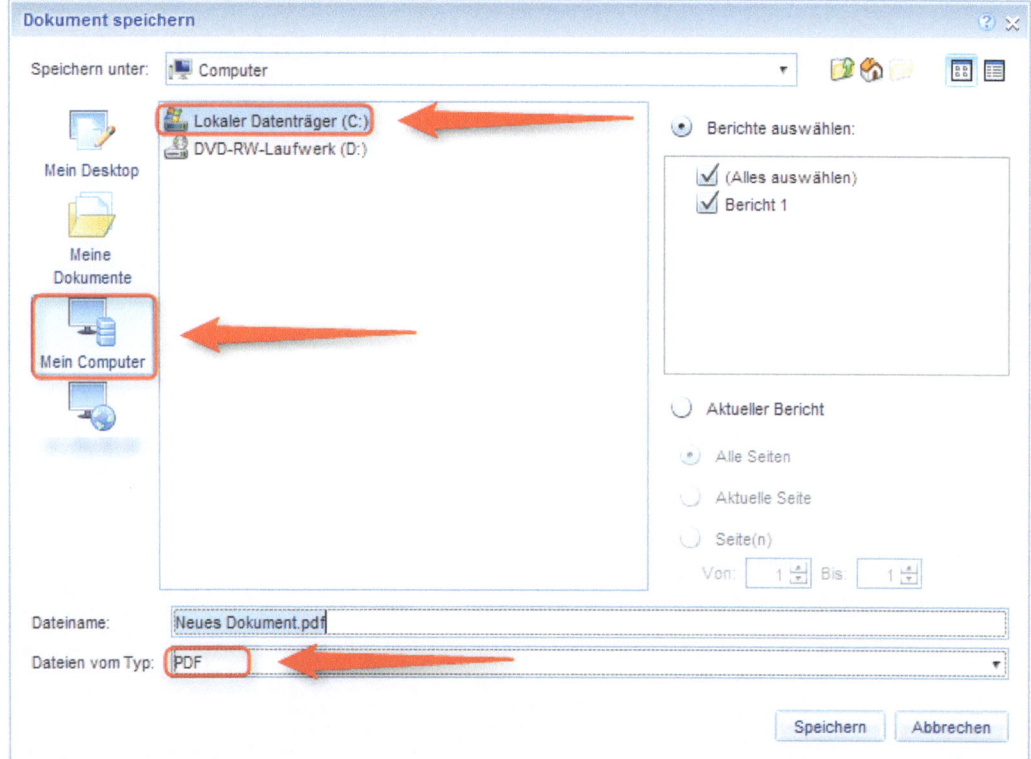

6) Legen Sie als Dateinamen „Webl Übung" fest.

7) Bestätigen Sie Ihre Eingabe durch Klicken auf „Speichern".

Nun sollte Ihr Bericht als PDF Datei auf dem lokalen Datenträger hinterlegt worden sein.

14.2 Zusammenfassung

Mit Hilfe der unterschiedlichen Sicherungsoptionen können Sie Ihre Berichte den Anforderungen entsprechend speichern und für andere zugänglich machen. So können Resultate im Excel-Format gespeichert werden und stehen somit zur weiteren Verarbeitung in MS Excel zur Verfügung. Möchten Sie eine Weiterverarbeitung verhindern, können Sie im PDF-Format sichern. Des Weiteren haben Sie auch die Möglichkeit, Ihre Ergebnisse in der BI-Umgebung zu veröffentlichen und für andere zugänglich zu machen, sodass mehrere Anwender Zugriff auf die Resultate haben und diese dann auch konfigurieren können (Bereich „Öffentliche Ordner"). Im Bereich „Meine Favoriten" speichern Sie die Berichte zwar in der BO-Umgebung, aber dort nur für Sie sichtbar.

15. Übungsaufgaben

1)   Einfache Abfrage

2)   Eingabeaufforderung

3)   Werte aus Liste

4)   Datensynchronisation

5)   Mehrere Filter

6)   Gruppenwechsel

7)   Diagramm & relative Ausrichtung

8)   Funktion, Formel & Variable

9)   Bedingte Formatierung

10)   Drillen

11)   Verfolgung der Datenveränderung

12)   Sektion

15.1 Aufgabenstellungen

Übungsaufgabe 1: Einfache Abfrage

Wie viele Artikel wurden im Jahre 2006 in Colorado verkauft?

Vorgehensweise:

1) Erstellen Sie ein neues Dokument basierend auf dem eFashion-Universum.

2) Konfigurieren Sie den Abfrageeditor, sodass die Absatzmenge pro Jahr und Staat angezeigt werden.

3) Führe Sie die Abfrage aus.

4) Sichern Sie das Dokument als *Übung1.wid*.

Übungsaufgabe 2: Eingabeaufforderung

Wie viele Artikel wurden in dem Geschäft e-Fashion New York 5th im Jahr 2005 abgesetzt?

Vorgehensweise:

1) Erstellen Sie ein neues Dokument basierend auf dem eFashion-Universum.

2) Konfigurieren Sie den Abfrageeditor, sodass die Absatzmenge pro Geschäftsjahr und Geschäft Werte ausgewiesen werden.

3) Bestimmen Sie den Filter auf Staaten Basis mit Eingabeaufforderung.

4) Ändern Sie die Parameter der Eingabeaufforderung, sodass

   a) das Dokument sich nicht den letzten ausgewählten Wert merkt

   b) Anwender auch mehr als einen Wert wählen können

   c) die Eingabeaufforderung optional ist

5) Führen Sie die Abfrage aus und wählen Sie New York als Bundesstaat aus

6) Führe die Abfrage aus, ohne einen Wert für den Bundesstaat anzugeben.

7) Sichern Sie das Dokument als Übung2.wid.

Übungsaufgabe 3: Werte aus Liste

Wie hoch waren die Umsätze im 2. Quartal des Jahres 2004 in den Geschäften „e-Fashion New York Magnolia" und „e-Fashion New York Sundance"

Vorgehensweise:

1)   Erstellen Sie ein neues Dokument basierend auf dem eFashion-Universum.

2)   Konfigurieren Sie den Abfrageeditor, sodass der Umsatz pro Geschäftsjahr, Quartal und Geschäft angezeigt wird.

3)   Legen Sie den Filter „Werte aus Liste" und wählen Sie die Geschäfte „e-Fashion New York Magnolia" und „e-Fashion New York Sundance" aus.

4)   Führen Sie die Abfrage aus.

5)   Sichern Sie das Dokument als *Übung3.wid*.

Übungsaufgabe 4: Datensynchronisation

Wie viel Umsatz wurde 2004 in Los Angeles generiert und viele Gäste kamen aus dieser Stadt?

Vorgehensweise:

1)   Erstellen Sie ein neues Dokument basierend auf dem eFashion-Universum.

2)   Konfigurieren Sie den Abfrageeditor, sodass der Umsatz pro Stadt und Geschäftsjahr angezeigt wird.

3)   Fügen Sie eine Abfrage basierend auf dem Island Resorts Marketing-Universum hinzu.

4)   Erstellen Sie eine Abfrage mit der Anzahl der Gäste je Stadt und Jahr und führen Sie diese aus (Beide Objekte sind in der Klasse „Sales" zu finden).

5)   Synchronisieren Sie die Städte, sodass Anzahl der Gäste sowie Umsatz pro Stadt ausgewiesen werden.

6)   Sichern Sie das Dokument als *Übung4.wid*.

Übungsaufgabe 5: Mehrere Filter

In welcher Stadt, mit einer Marge < 1,7 Mio. $ und einem Umsatz > 3,0 Mio. $ wurde der niedrigste Umsatz generiert?

Vorgehensweise:

1) Erstellen Sie ein neues Dokument basierend auf dem eFashion-Universum.

2) Konfigurieren Sie den Abfrageeditor, sodass der Umsatz pro Stadt angezeigt wird.

3) Legen Sie einen Filter auf Marge kleiner als 1,7 Mio. $ und einen auf Umsatz größer als 3,0 Mio. $ fest.

4) Sichern Sie das Dokument als *Übung5.wid.*

Übungsaufgabe 6: Gruppenwechsel

Wie hoch ist der durchschnittliche Verkaufspreis je Einheit der Produktlinien „Overcoats" und „Outerwear" und wie hoch die Summe der gewährten Discounts?

Vorgehensweise:

1) Erstellen Sie ein neues Dokument basierend auf dem eFashion-Universum.

2) Konfigurieren Sie den Abfrageeditor, sodass Produktlinie, Kategorie, Bestandseinheit („SKU desc", Stock Keeping Unit), Verkaufspreis je Einheit („Sold at (unit price)") und Discount angezeigt werden.

3) Legen Sie einen Filter auf Produktlinie und wählen Sie „Outerwear" und „Overcoats" fest.

4) Fügen Sie einen Gruppenwechsel auf Produktlinie hinzu.

5) Setzen Sie folgende Optionen für den Gruppenwechsel der Produktlinie:

   • Anzeige des Gruppenwechselkopfs,

   • Anzeige des Gruppenwechselfußes,

   • Doppelte Werte sollen zusammengeführt werden

6) Entfernen Sie den Tabellenkopf.

7) Fügen Sie einen Durchschnitt für den Verkaufspreis je Einheit und die Summe für den Discount hinzu.

8) Sichern Sie das Dokument als *Übung6.wid*.

Übungsaufgabe 7: Diagramm & relative Ausrichtung

Welches Quartal war das schwächste in den vergangenen drei Jahren? Stellen Sie das Ergebnis in einem Balkendiagramm dar

Vorgehensweise:

1) Erstellen Sie ein neues Dokument basierend auf dem eFashion-Universum.

2) Konfigurieren Sie den Abfrageeditor, sodass die Absatzmenge pro Jahr und Quartal angezeigt wird.

3) Duplizieren Sie die Tabelle.

4) Ändern Sie die Darstellung der zweiten Tabelle zu einem Balkendiagramm.

5) Fügen Sie dem Diagramm eine Legende hinzu.

6) Richten Sie die Berichte in Relation zur Tabelle aus. 2 cm vom rechten Rand des Berichtes, jedoch auf derselben Höhe.

7) Sichern Sie das Dokument als *Übung7.wid*.

Übungsaufgabe 8: Funktion, Formel & Variable

Wie hoch ist die relative Marge von Hosen (Trousers) in New York?

Vorgehensweise:

1) Erstellen Sie ein neues Dokument basierend auf dem eFashion-Universum.

2) Konfigurieren Sie den Abfrageeditor, sodass Staat, Produktlinie, Marge und Absatzmenge angezeigt werden. Richten Sie eine Eingabeaufforderung bezüglich des Staates ein.

3) Blenden Sie den Staat in der Tabelle aus.

4) Erweitern Sie die Tabelle um eine Spalte mit der Überschrift: „Relative Margin".

5) Legen Sie die Marge/Menge als Variable an und lassen Sie sich die Variable in der Tabelle anzeigen.

6) Fügen Sie in die Zelle der Reportüberschrift eine Formel ein, die den gewählten Bundesstaat bei der Eingabeaufforderung anzeigt.

   (Formel: „=BerichtFilter([State])")

7) Aktualisieren Sie das Dokument für den Bundesstaat „New York".

8) Erzeugen per Rechtsklick Sie eine leere Zelle, die das aktuelle Datum ausweist.

   (Formel: „=DokumentDatum()")

9) Sichern Sie das Dokument als *Übung8.wid.*

Übungsaufgabe 9: Bedingte Formatierung

Wie viele Staaten haben mehr als 45.000 Artikel abgesetzt? Heben Sie die Staaten farblich hervor und geben Sie den jeweiligen Umsatz an

Vorgehensweise:

1) Erstellen Sie ein neues Dokument basierend auf dem eFashion-Universum.

2) Konfigurieren Sie den Abfrageeditor, sodass Umsatz und Absatzmenge pro Staat angezeigt werden.

3) Erstellen Sie eine bedingte Formatierung mit dem Namen „Mengenbereich" für die Absatzmenge.

4) Definieren Sie die bedingte Formatierung wie folgt:

   • Quantity sold < 15.000 → rot

   • 15.000 ≤ Quantity sold < 45.000 → blau

   • Quantity sold ≥ 45.000 → grün

5) Wenden Sie den Alerter an.

6) Sichern Sie das Dokument als *Übung9.wid.*

Übungsaufgabe 10: Drillen

Welche Jackenkategorie erzielt den höchsten Umsatz?

Welche Bestandseinheiten gibt es unter der Outdoor-Kategorie?

Welche Farbe der Canvas Jacket-Bestandseinheit erwirtschaftet den höchsten Umsatz?

Beantworten Sie die Fragen durch Nutzung der Drill-Funktion.

Vorgehensweise:

1)   Erstellen Sie ein neues Dokument basierend auf dem eFashion-Universum.

2)   Konfigurieren Sie den Abfrageeditor, sodass der Umsatz pro Produktlinie angezeigt wird.

3)   Definieren Sie die Analysetiefe so, dass bei der Produktlinienhierarchie die Objekte Kategorie, Bestandeinheit und Farbe mit angezogen werden.

4)   Führen Sie die Abfrage aus.

5)   Aktivieren Sie den Drillmodus.

6)   Sichern Sie das Dokument als *Übung10.wid*.

Beantworten Sie per Drilling folgende Fragen:

a)   Welche Jackenkategorie erzielt den höchsten Umsatz?

b)   Welche Bestandseinheiten gibt es unter der Outdoor-Kategorie?

c)   Welche Farbe der Canvas Jacket-Bestandseinheit erwirtschaftet den höchsten Umsatz?

Übungsaufgabe 11: Verfolgung der Datenveränderung

Geben Sie die Umsätze bezugnehmend auf Jahre und Quartale an und zeigen Sie die Datenveränderung bezüglich der Quartale

Vorgehensweise:

1)   Erstellen Sie ein neues Dokument basierend auf dem eFashion-Universum.

2)   Konfigurieren Sie den Abfrageeditor, sodass der Umsatz pro Jahr und Quartal angezeigt wird.

3)   Fügen Sie einen Abfragefilter per Eingabeaufforderung hinzu und wählen Sie die ersten beiden Quartale aus.

4) Führen Sie die Abfrage aus.

5) Aktivieren Sie Data Tracking und wählen Sie die Option, dass die Referenzdaten sich mit jeder Aktualisierung erneuern sollen.

6) Übernehmen Sie das Standard Format zur Hervorhebung von hinzugekommenen Werten.

7) Bearbeiten Sie die Abfrage so, dass nun alle Quartale angezeigt werden.

8) Aktualisieren Sie den Bericht.

9) Sichern Sie das Dokument als *Übung11.wid*.

Übungsaufgabe 12: Sektion

Wie viele Artikel wurden 2005 im 3. Quartal abgesetzt? Stellen Sie das Ergebnis graphisch als Säulendiagramm dar

Vorgehensweise:

1) Erstellen Sie ein neues Dokument basierend auf dem eFashion-Universum.

2) Konfigurieren Sie den Abfrageeditor, sodass der Absatzmenge pro Jahr, Quartal und Staat angezeigt wird.

3) Fügen Sie eine Sektion für das Jahr und das Quartal ein.

4) Fügen Sie eine Summe für die Absatzmenge pro Jahr und pro Quartal ein.

5) Sortieren Sie die Absatzmenge aufsteigend.

6) Wechseln Sie in die Strukturansicht und vergrößern Sie den Bereich des Quartals und der Summe.

7) Fügen Sie ein Säulendiagramm basierend auf Bundesstaat und Absatzmenge ein.

8) Wechseln Sie zurück in die Ergebnisansicht.

9) Verändern Sie die Quartalsüberschrift, sodass das Jahr mit angezeigt wird.

   (Formel: „=[Year]+" – "+[Quartal]")

10) Sichern Sie das Dokument als *Übung12.wid*.

15.2 Lösungen zu den Übungsaufgaben

Lösung zur Übungsaufgabe 1: Einfache Abfrage

Year	State	Quantity sold
2004	California	11,304
2004	Colorado	2,971
2004	DC	4,681
2004	Florida	2,585
2004	Illinois	4,713
2004	Massachusetts	1,505
2004	New York	10,802
2004	Texas	14,517
2005	California	17,001
2005	Colorado	4,700
2005	DC	7,572
2005	Florida	3,852
2005	Illinois	6,744
2005	DC	7,572
2005	Florida	3,852
2005	Illinois	6,744
2005	Massachusetts	902
2005	New York	16,447
2005	Texas	22,637
2006	California	17,769
2006	Colorado	5,116
2006	DC	6,491
2006	Florida	4,810
2006	Illinois	6,519
2006	Massachusetts	5,219
2006	New York	19,109
2006	Texas	25,113

Lösung zur Übungsaufgabe 2: Eingabeaufforderung

Year	Store name	Quantity sold
2004	e-Fashion New York 5th	4,179
2004	e-Fashion New York Magnolia	6,623
2005	e-Fashion New York 5th	6,457
2005	e-Fashion New York Magnolia	9,990
2006	e-Fashion New York 5th	7,158
2006	e-Fashion New York Magnolia	11,651

Lösung zur Übungsaufgabe 3: Werte aus Liste

Year	Quarter	Store name	Sales revenue
2004	Q1	e-Fashion New York Magnolia	$333,358
2004	Q1	e-Fashion New York Sundance	$222,625
2004	Q2	e-Fashion New York Magnolia	$288,882
2004	Q2	e-Fashion New York Sundance	$191,080
2004	Q3	e-Fashion New York Magnolia	$16?,452
2004	Q3	e-Fashion New York Sundance	$9?,?62
2004	Q4	e-Fashion New York Magnolia	$23?,?70
2004	Q4	e-Fashion New York Sundance	$13?,268
2005	Q1	e-Fashion New York Magnolia	$39?,795
2005	Q1	e-Fashion New York Sundance	$28?,176
2005	Q2	e-Fashion New York Magnolia	$410,143
2005	Q2	e-Fashion New York Sundance	$282,370
2005	Q3	e-Fashion New York Magnolia	$322,493

Lösung zur Übungsaufgabe 4: Datensynchronisation

Year	City	Number of guests	Sales revenue
2004	Austin		$561,123
2004	Boston		$238,819
2004	Chicago	241	$737,914
2004	Colorado Springs		$448,302
2004	Dallas	158	$427,245
2004	Houston		$1,211,309
2004	Los Angeles	163	$982,637
2004	Miami		$405,?85
2004	New York		$1,66?,?96
2004	San Francisco	?	$721,?74
2004	Washington		$693,?11
2005	Austin		$1,003,?71
2005	Boston		$157,719

Lösung zur Übungsaufgabe 5: Mehrere Filter

City	Sales revenue
Chicago	$3,022,658
Los Angeles	$4,22?,?29
San Francisco	$3,25?,?41

Lösung zur Übungsaufgabe 6: Gruppenwechsel

Lines	Category	SKU desc	Sold at (unit price)	Discount
Outerwear	Day wear	Blazer	$12?.48	$-111,967
	Day wear	Shetland Jacket	$16?.70	$1,664
	Hats,gloves,scarves	Flower Stem Patterned Silk Scarf	$9?.95	$42,829
	Night wear	Twill Dressing-gown	$21?.73	$41,716
Outerwear	**Average:**		**$152.72**	
		Sum:		$-25,757

Lines	Category	SKU desc	Sold at (unit price)	Discount
Overcoats	Dry wear	Fake Fur Overcoat	$19?.60	$58,948
	Dry wear	Velour Overcoat	$20?.47	$148,825
	Wet wear	High Collar Engineers Raincoat	$23?.31	$17,370
	Wet wear	Stretch Cotton Raincoat	$2??.?1	$21,431
	Wet wear	Trenchcoat	$20?.99	$58,372
Overcoats	**Average:**		**$209.04**	
		Sum:		$304,947

Lösung zur Übungsaufgabe 7: Diagramm & relative Ausrichtung

Year	Quarter	Quantity sold
2004	Q1	18,136
2004	Q2	14,408
2004	Q3	10,203
2004	Q4	10,331
2005	Q1	21,135
2005	Q2	17,152
2005	Q3	19,224
2005	Q4	22,344
2006	Q1	22,537
2006	Q2	22,846
2006	Q3	26,263
2006	Q4	18,650

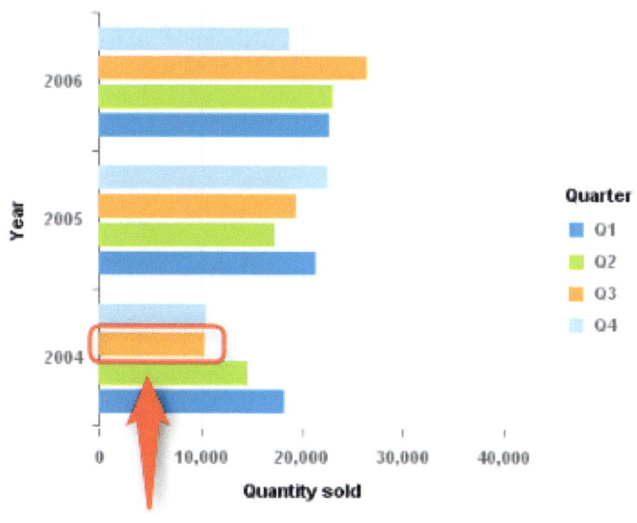

Lösung zur Übungsaufgabe 8: Funktion, Formel & Variable

New York

Lines	Margin	Quantity sold	Realtive Margin	26/05/14
Accessories	$886,097	14,509	61.07	
City Skirts	$30,010	443	67.74	
City Trousers	$25,584	509	50.26	
Dresses	$271,614	4,442	61.15	
Jackets	$57,762	811	71.22	
Leather	$10,280	119	86.39	
Outerwear	$129,736	2,305	56.28	
Overcoats	$48,871	531	92.04	
Shirt Waist	$312,406	4,312	72.45	
Sweaters	$243,200	4,555	53.39	
Sweat-T-Shirts	$1,003,107	13,051	76.86	
Trousers	$54,077	771	70.14	

Lösung zur Übungsaufgabe 9: Bedingte Formatierung

State	Sales revenue	Quantity sold
California	$7,479,569	46,074
Colorado	$2,060,275	12,787
DC	$2,961,950	18,744
Florida	$1,879,159	11,267
Illinois	$3,022,658	17,976
Massachusetts	$1,283,707	7,676
New York	$7,582,221	46,358
Texas	$10,117,664	62,347

Lösung zur Übungsaufgabe 10: Drillen

a) Welche Jackenkategorie erzielt den höchsten Umsatz?

Category	Sales revenue
Boatwear	$245,044
Fancy fabric	$155,616
Outdoor	$276,646

b) Welche Bestandseinheiten gibt es unter der Outdoor-Kategorie?

SKU desc	Sales revenue
Burlington Jacket	$43,885
Canvas Jacket	$178,491
Corduroy Jacket	$54,270

c) Welche Farbe der Canvas Jacket-Bestandseinheit erwirtschaftet den höchsten Umsatz?

Color	Sales revenue
Algae	$30 307
Brown	$23 372
Clay	$39 99
Grayish Green	$40 63
Ink	$44,349

Lösung zur Übungsaufgabe 11: Verfolgung der Datenveränderung

Year	Quarter	Sales revenue
2004	Q1	$2,660,700
2004	Q2	$2,279,003
2004	**Q3**	**$1,367,841**
2004	**Q4**	**$1,788,580**
2005	Q1	$3,326,172
2005	Q2	$2,840,651
2005	**Q3**	**$2,879,303**
2005	**Q4**	**$4,186,120**
2006	Q1	$3,742,989
2006	Q2	$4,006,718
2006	**Q3**	**$3,953,395**
2006	**Q4**	**$3,356,041**

Lösung zur Übungsaufgabe 12: Sektion

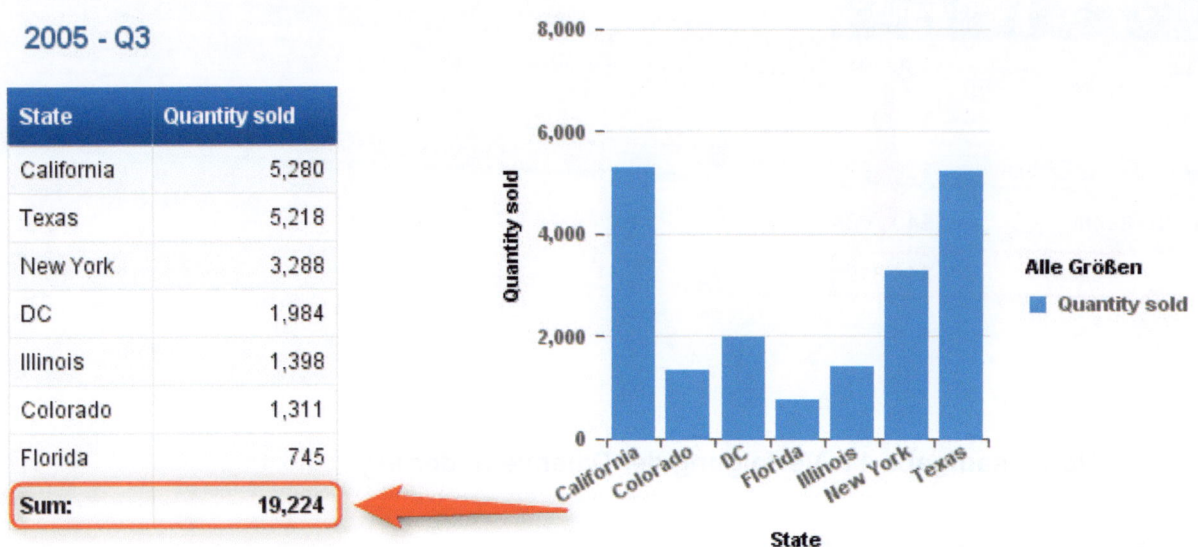

2005 - Q3

State	Quantity sold
California	5,280
Texas	5,218
New York	3,288
DC	1,984
Illinois	1,398
Colorado	1,311
Florida	745
Sum:	19,224

Datenprovider = Datenquellen z.B. Universen

Objekt = fachlicher Aspekt

Klasse = fachliche Ordnung von Objekten

Objekttypen → Dimension = feste Größen   z.B. Jahr, ~~Umsatz~~ Produkt/Kunde

    → Kennzahl = dynamische Größen z.B. Umsatz (pro Jahr/ pro Kunde)

    → Information = zusätzliche Infos zur Dimension können aggregiert werden

    → Filter = von häufig wiederkehrenden Filterbedingungen